あなうめ式 Java プログラミング 超入門

大津 真、田中賢一郎、馬場貴之［共著］

エムディエヌコーポレーション

世の中には星の数ほどのプログラミング言語が存在しますが、デスクトップアプリや携帯アプリ、Webサービスなどさまざまな分野で活躍するオブジェクト指向言語の代表といえるのがJavaでしょう。

Javaはとても魅力的な言語ですが、初心者がJavaをマスターするまでの道のりは平坦ではありません。いきなり難解なオブジェクト指向プログラミングに挑戦して挫折するケースも珍しくありません。

本書はプログラミングが初めてという方を対象にした、Java言語の入門書です。プログラミング言語の仕組みから始まり、演算子や変数の使い方や、条件判断や繰り返しといった制御構造、オブジェクトの基本操作などの、基本的な機能を段階的に解説しています。個々の説明のあとにはあなうめ形式の問題を用意しているので、これを解くことで理解がより深まるはずです。

最後の章では、まとめとして、じゃんけんゲームの作成例を紹介しています。実際のアプリ作成の基本的な流れがつかめるようにステップ・バイ・ステップで説明していますので、実際にエディタで入力しながら試してみるとよいでしょう。

本書によって読者のみなさまがJavaの基本を理解し、本格的なオブジェクト指向プログラミングの世界に踏み出すための最初のステップになれば幸いです。

2019年11月　大津 真

Contents

Chapter 3 変数と計算

Chapter 4 文字列とオブジェクトの基本操作

Chapter 5 条件に応じて処理を変える

Chapter 6 処理を繰り返す

Chapter 7 データをまとめて管理する配列

Chapter 8 処理をメソッドにまとめる

Chapter 9 プログラムをつくってみよう

本書の使い方

本書はJava言語の初心者のために、Javaとプログラミングの基礎を解説している入門書です。本書の解説では、項目ごとに「考えてみよう」という“あなうめ問題”を設けています。このあなうめ問題を解きながら、本書の解説内容をきちんと自分で改めて考えてみることで、Javaの基礎やポイントがしっかりと身につくように構成されています。

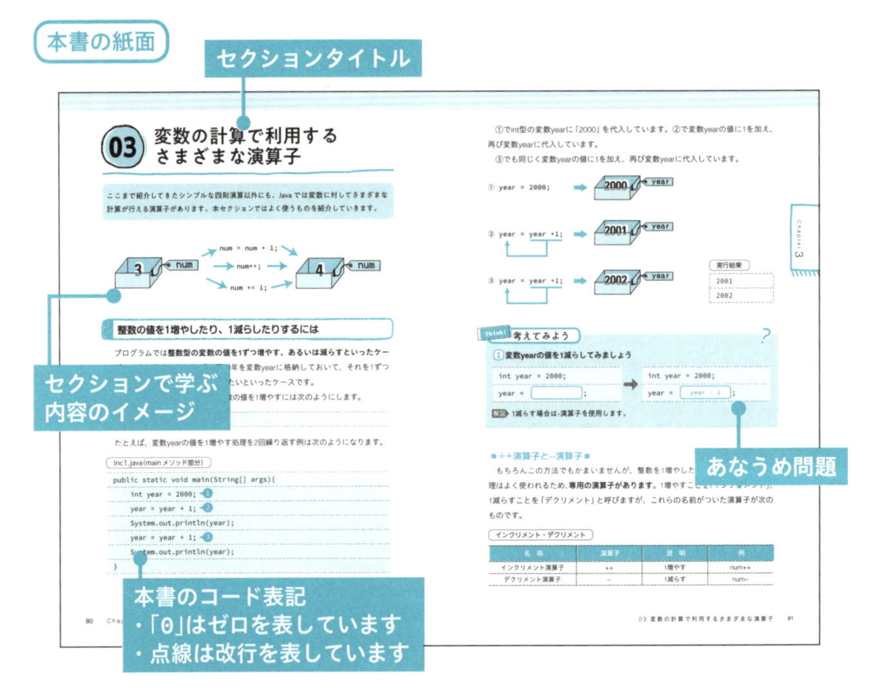

■**サンプルコードについて**

本書に掲載されているサンプルコードは下記のURLよりダウンロードできます。

https://books.MdN.co.jp/down/3219203014/

・ダウンロードしたファイルはZIP形式で保存されています
・Windows、Macそれぞれの解凍ソフトを使って圧縮ファイルを解凍してください
・サンプルファイルには「はじめにお読みください.html」ファイルが同梱されていますので、ご使用の前に必ずお読みください。

本書は2019年10月現在の情報を元に執筆されています。以降のソフトウェアの仕様の変更等により、記載された内容がご購読時の状況と異なる場合があります。

Chapter 1

Javaプログラミングを始めるために

ようこそJavaプログラミングの世界へ！

ここでは、Javaプログラムを始めるための予備知識について解説します。まず、プログラム言語としてのJavaの概要を見てみましょう。そのあと、Javaプログラム作成のための環境設定について紹介します。

01 Java言語の概要を知ろう

現在は星の数ほどのプログラミング言語が存在し、動作方法や機能も千差万別です。まずは、Java がいったいどのような特徴をもったプログラミング言語なのか見てみましょう。

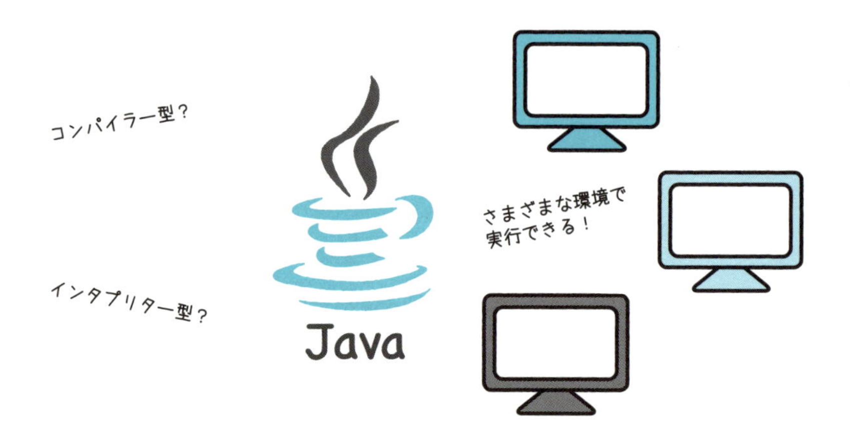

プログラミング言語とはなんだろう

本書で解説するJavaは、さまざまな分野で使用されるプログラミング言語です。もちろん「言語」といっても、日本語や英語といった人間どうしで使う言語とは違い、コンピューターと人間が直接会話できるわけではありません。**コンピューターに対する命令をファイルに羅列したもの**といったイメージで捉えるとよいでしょう。

コンピュータープログラムのイメージ

プログラム

命令 1
命令 2
命令 3
:

コンピューター

コンピューターが理解できるのはマシン語だけ

プログラミング言語には、「**マシン語(機械語)**」と「**高水準言語(高級言語)**」という分類方法があります。コンピューターが直接理解できるのは、1と0だけで構成される**マシン語のみ**です。

最初期のコンピューターは、このマシン語を直接入力しないと動作させることができませんでした。しかし、1と0の並びのマシン語を人間がそのまま理解することは困難です。そこで、人間にとってわかりやすいテキスト形式でプログラムを記述する方法が考え出されました。そのようなプログラミング言語が**高水準言語**です。一般的なプログラミング言語は、JavaもCもPythonも、この高水準言語に分類されます。高水準言語をマシン語に変換することで、コンピューターが理解できるようになるのです。

コンピューターが理解できるのはマシン語だけ

マシン語のプログラム

```
01111000010000100111001101111110110
01010010111110111011110110010100 1
01111010000100111001100010111001 0
10～
```

高水準言語のプログラム

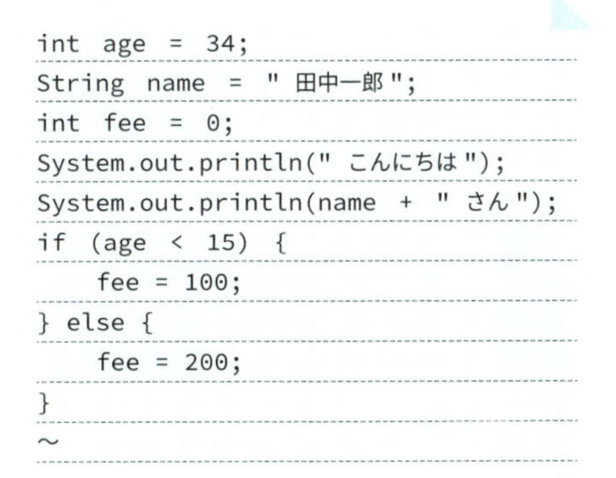

```
int age = 34;
String name = "田中一郎";
int fee = 0;
System.out.println("こんにちは");
System.out.println(name + "さん");
if (age < 15) {
    fee = 100;
} else {
    fee = 200;
}
～
```

高水準言語で記述したプログラムを「**ソースプログラム**」、それを保存したファイルを「**ソースファイル**」と呼びます。またマシン語に変換して保存したファイルを「**オブジェクトファイル**」や「**バイナリファイル**」と呼びます。

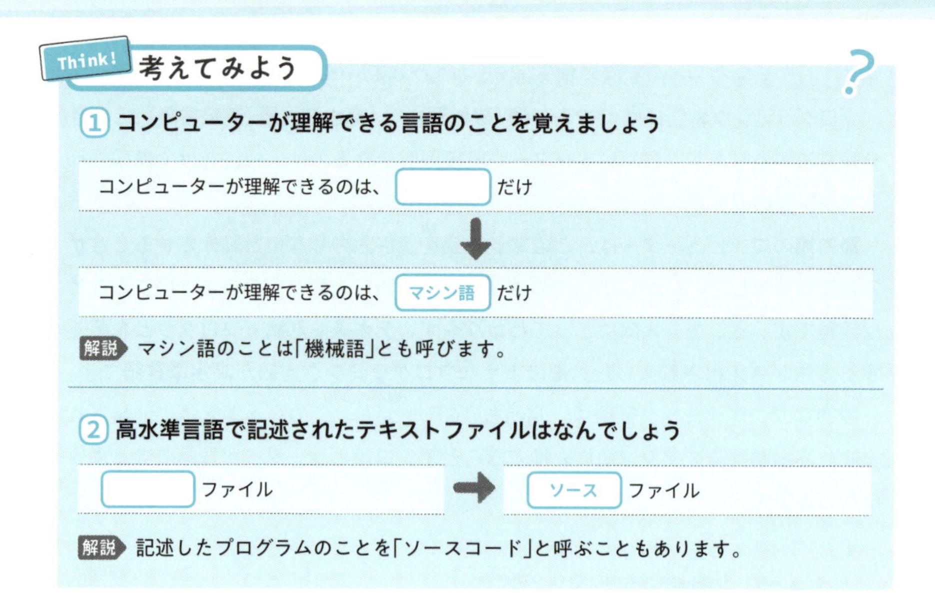

コンパイラー型言語とインタプリター型言語

先述したとおり、**高水準言語で記述されたプログラムは何らかの方法でマシン語に変換する必要があります。**その方式には「コンパイラー方式」と「インタプリター方式」があります。

コンパイラー方式は、「コンパイラー」と呼ばれるソフトウェアを使用して、**プログラムを実行する前に、ソースファイルをマシン語のオブジェクトファイルに変換しておく**方式です。

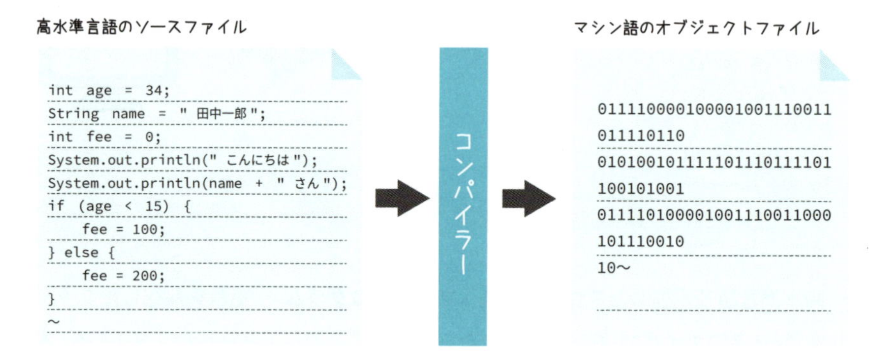

一方の**インタプリター方式**では、実行前にソースプログラムをマシン語のオブジェクトファイルに変換する必要がありません。**プログラムの実行時に先頭から順に変換していきます。**このソースファイルをマシン語に変換しながらコンピューターに渡していくプログラムのことを「**インタプリター**」と呼びます。

インタプリター方式

高水準言語のソースファイル

```
int age = 34;
String name = "田中一郎";
int fee = 0;
System.out.println("こんにちは");
System.out.println(name + "さん");
if (age < 15) {
    fee = 100;
} else {
    fee = 200;
}
~
```

インタプリター

マシン語

```
01111000010000100111001101111O110
0101001011111011101111101100101001
01111010000100111001100010111O010
10~
```

コンパイラー方式とインタプリター方式の違い

コンパイラー方式の一番のメリットは、**実行スピードの速さ**です。OfficeやWebブラウザなど、多くのデスクトップアプリケーションはコンパイラー方式で作成されています。

ただし、マシン語は動作するCPUによって命令が異なります。またOSの機能を直接利用しているため、たとえば**Windows用のプログラムを、そのままMacにコピーしても動作しません。**また、ソースプログラムを変更した場合は、再度コンパイルしてオブジェクトファイルを作成し直すという手間が必要です。

一方のインタプリター方式は実行時にソースプログラムを逐次変換していくため、通常は**コンパイラー方式に比べて実行速度が遅くなります。**しかし、**ソースプログラムを変更しても再コンパイルが必要ない**ため、プログラムの修正が簡単です。また、基本的に**OSやCPUが変わっても同じように動作**します。

コンパイラー方式とインタプリター方式

方　式	プログラミング言語の例	長　所	短　所
コンパイラー方式	C、C++、Swift	速度が速い	OSやCPUに依存する。修正したらコンパイルし直す必要がある
インタプリター方式	JavaScript、Python、PHP	変更が簡単	速度が遅い。実行にはインタプリターが必要

Think! 考えてみよう

① 実行前にマシン語に変換しておくプログラムの方式は何でしょう

[　　　　] 方式 → [コンパイラー] 方式

② 実行時にソースプログラムを逐次マシン語に変換するプログラムの方式は何でしょう

[　　　　] 方式 → [インタプリター] 方式

解説 実行前にマシン語に変換する必要がある方式が「コンパイラー方式」、不要な方式が「インタプリター方式」です。

Javaプログラムはハイブリッド型の言語

さて本書で解説するJava言語は、コンパイラー方式とインタプリタ方式のどちらでしょう？　実はJavaはその**両方の特徴をあわせ持ったハイブリッド型の言語**といえます。

Java言語で記述したソースファイルはコンパイルする必要があります。ただし、コンパイルすることによって生成されるのは、実物のCPUに応じたマシン語ではありません。生成されるのは「**バイトコード**」(**中間コード**)と呼ばれる、「**Javaバーチャルマシン**(**Java VM**)」という**仮想CPU上で動作する特別なマシン語**です。

Javaバーチャルマシンは、パソコンに搭載されている物理的なCPUではなく、ソフトウェア的にCPUと同じような働きをさせるプログラムです。Javaバーチャルマシンはバイトコードを読み込むと、それを実際のCPUのマシン語に変換しながら実行していきます。**Javaバーチャルマシンは、特別なインタプリター的な役割を果たすプログラム**といったイメージで捉えてもよいでしょう。

OSに応じたJavaバーチャルマシンを用意すれば、インタプリター型のようにJavaプログラムのバイトコードをいろいろな環境で同じように動作させることができるわけです。

Java プログラムは異なる OS でも動作可能

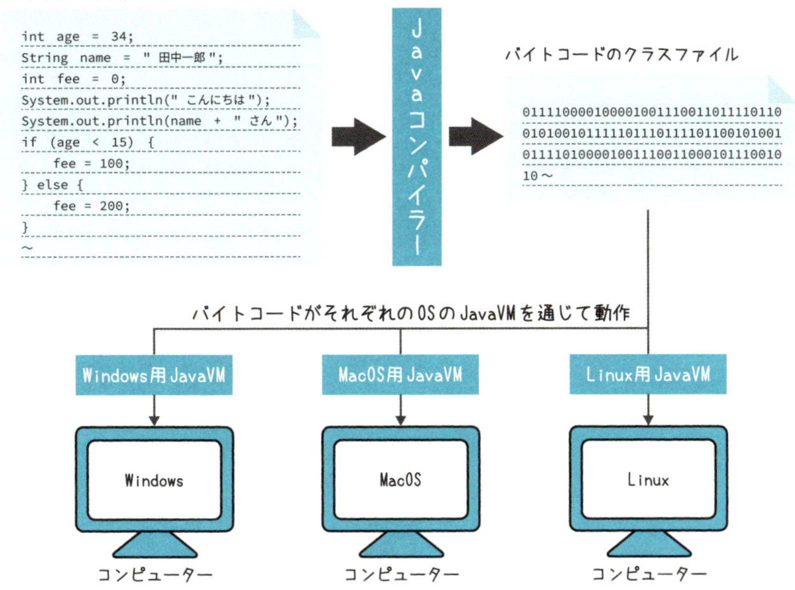

コンパイルされた Java プログラムがさまざまな環境で動作することが Java の一番の特長です。Java 言語の登場時に、開発元であるサン・マイクロシステムズ（当時）はこの特長を「Write once, run anywhere（一度プログラムを書けば、どこでも実行できる）」というキャッチフレーズで表していました。

Think! 考えてみよう

① Javaの動作の特徴を覚えましょう

Javaで記述したプログラムは、さまざまな環境の［　　　　　］上で同じ動作をします

↓

Javaで記述したプログラムは、さまざまな環境の［Javaバーチャルマシン］上で同じ動作をします

解説 Javaバーチャルマシンは OSごとに用意されています。一般にはJavaを実行するコンピューターのOSにあったJRE（Java Runtime Environment）をインストールする必要があります。

 Javaはオブジェクト指向言語

Java は「オブジェクト指向言語」です。この「オブジェクト指向」はたいへん難しく、プログラムを相当に書き慣れていないとメリットがピンとこないものです。

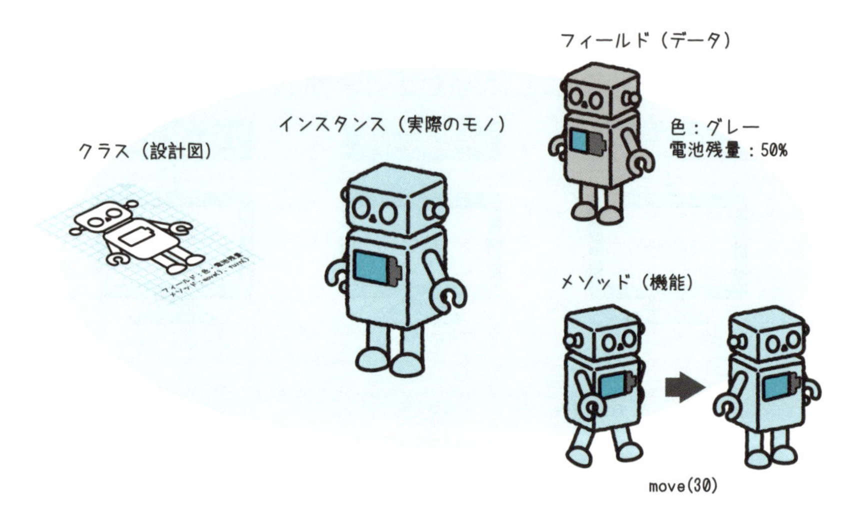

オブジェクト指向言語の簡単なイメージ

Java言語は「オブジェクト指向言語」に分類されるプログラミング言語です。みなさんの中には「オブジェクト指向」という用語は耳にしたことがあるけれど、意味がよくわからないという方も多いかもしれません。実際、プログラミングが初めての方が、**いきなりオブジェクト指向の詳細を理解しようとすると途中で挫折しがちです**。そのため、本書ではその前段階のプログラミングの基礎を習得することを目標にします。

とはいえJavaの根底にある考え方なので、オブジェクト指向の概念をすこしだけ頭に入れておく必要があります。まずは読んでみて、**簡単な用語とのその意味のイメージが頭の中で描けるようになればかまいません。**

●クラス(設計図)からインスタンス(モノ)をつくる●

オブジェクト指向の「オブジェクト」とは日本語では「モノ」のことですが、**データや機能を現実世界のモノのように考えてプログラムする**というのが基本的な考え方です。

イメージを描きやすいように、おもちゃのロボットを例に考えてみましょう。ロボットをつくるには設計図が必要です。Javaではオブジェクトを作成する設計図を「**クラス**」といいます。また、設計図であるクラスをもとに生成された、実際に動作させるモノ(オブジェクト)を「**インスタンス**」と呼びます。「Robot」クラスの設計図から、「ロボ太」や「ロボ子」といった実際のロボット(インスタンス)を作成するといったイメージです。

クラスからインスタンスを生成する

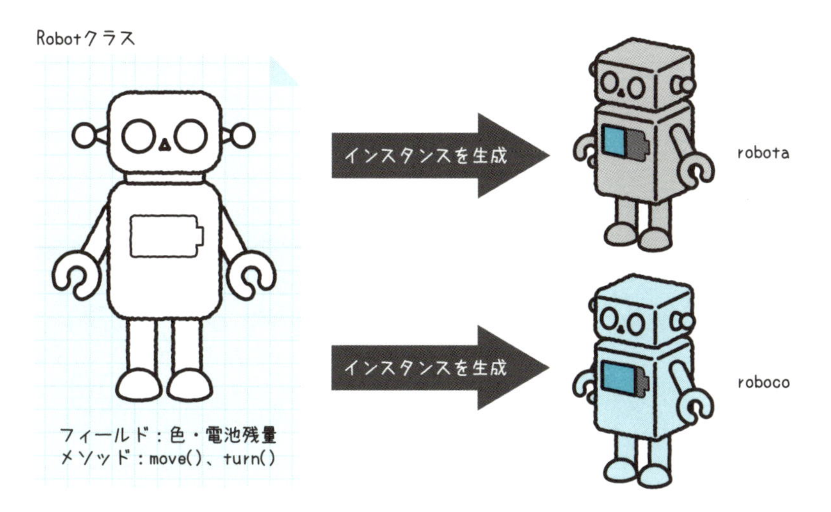

オブジェクトに用意されているデータのことを「**フィールド**」と呼びます。たとえばおもちゃのロボットなら、色や電池の残量がフィールドです。

ロボットのフィールド

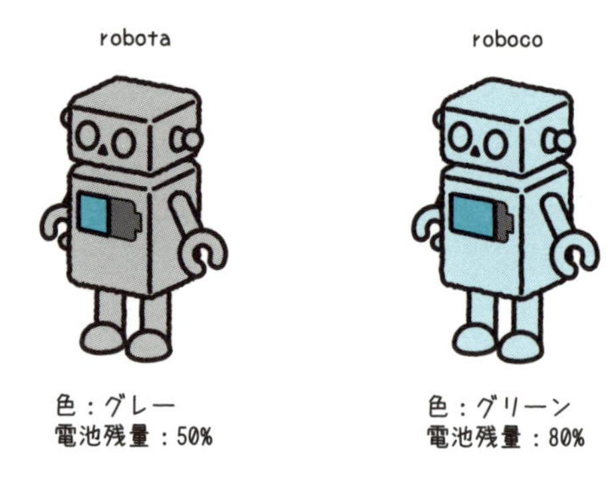

また、オブジェクトに用意された動作や機能のことを「**メソッド**」と呼びます。Robotクラスの例でいえば、move()というメソッドを実行すると「()」内に記述した距離だけ前へ進む、turn()というメソッドを実行すると「()」内に記述した角度だけ回転して向きを変える、といったイメージです。

ロボットのメソッド

Robotクラスの設計図にこれらのフィールドやメソッドを書き込んでおくことで、Robotクラスから生成したオブジェクトで**これらのフィールドやメソッドを実際に使えるようになる**わけです。

オブジェクト指向はプログラムの使い回しが簡単

では、なぜこのような仕組みをJavaは採用しているのでしょう？　オブジェクト指向言語のもっとも大きなメリットのひとつが、プログラムの再利用が簡単な点です。一度作成したクラスに機能を追加したい場合、機能を引き継ぐことができるため、新たな機能を追加するだけでクラスを作成できます。この機能を「**継承**」と呼びます。たとえばRobotクラスを継承し、新たに空を飛ぶflyメソッドを追加したUltraRobotクラスを作成することができます。

クラスの機能を引き継ぐ「継承」

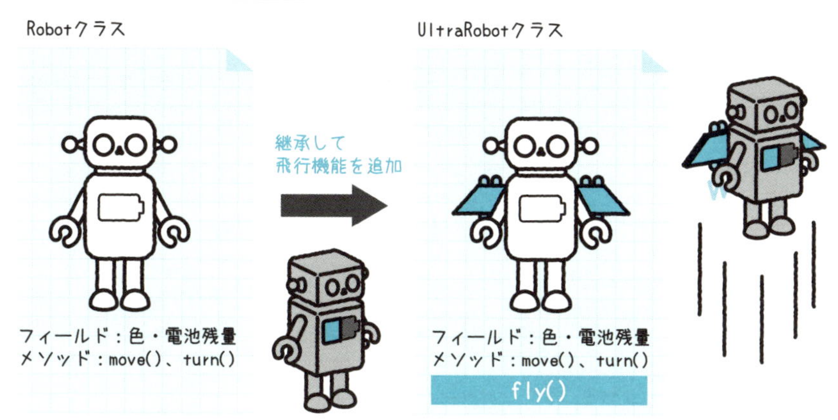

本書では継承については詳しく触れませんが、オブジェクト指向という考え方の背後にはこのような再利用が想定されていることは理解しておきましょう。

オブジェクト指向の簡単な説明は以上です。「クラス」、「オブジェクト」、「インスタンス」、「メソッド」、「フィールド」といった用語はJavaプログラミングのなかで頻繁に出てきますので、大まかにイメージができるようにしておきましょう。

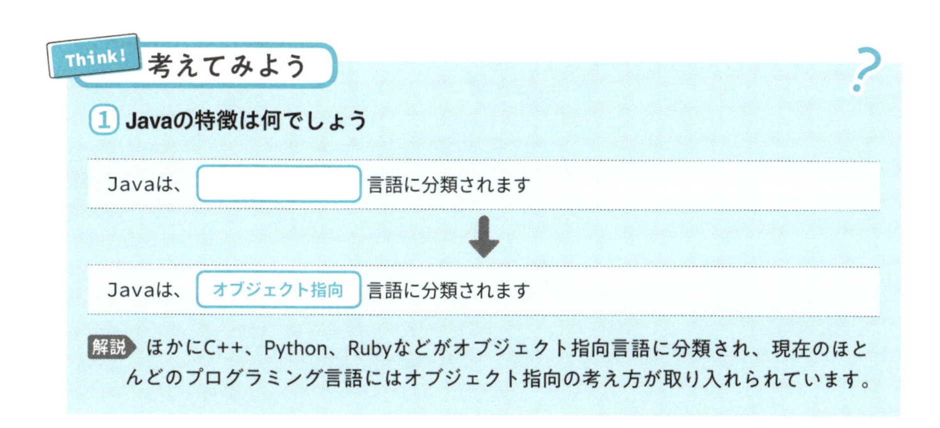

② オブジェクト指向言語のキーワードを覚えましょう

オブジェクトを作成する設計図のようなものを「　　　　」といいます

クラスをもとに生成された実際のオブジェクトのことを「　　　　」と呼びます

オブジェクトに用意されたデータのことを「　　　　」と呼びます

オブジェクトに用意された動作や機能のことを「　　　　」と呼びます

↓

オブジェクトを作成する設計図のようなものを「クラス」といいます

クラスをもとに生成された実際のオブジェクトのことを「インスタンス」と呼びます

オブジェクトに用意されたデータのことを「フィールド」と呼びます

オブジェクトに用意された動作や機能のことを「メソッド」と呼びます

解説 クラスという設計図をもとに、実際のモノが作られます。モノの特徴がフィールド、ふるまいがメソッドといえます。現実の世界と同様に、モノ同士が相互に関わることでプログラムが動作します。Javaのプログラムは、この「クラス」が集まってできているといえます。

---

③ オブジェクト指向言語の特徴を覚えましょう

クラスを継承することで、プログラムの　　　　が簡単になります

↓

クラスを継承することで、プログラムの再利用が簡単になります

解説 オブジェクト指向プログラミングは、ソースプロブラムの再利用や部分的な機能追加などを行うときに威力を発揮します。

03 Javaプログラムを始めるための環境を設定しよう

このセクションでは、Javaプログラムを作成するために必要な開発キットやエディターなど、ソフトウェアのインストールと環境設定について説明します

エディターとパソコンとJava

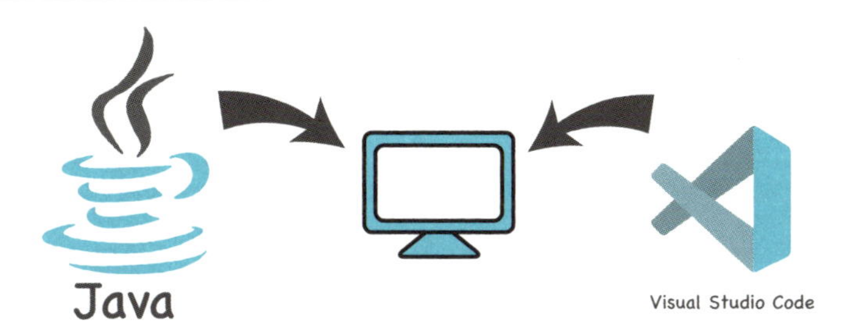

Javaプログラムの学習に必要なものは？

Javaプログラムの作成には大きく分けて次の2種類の方法があります。

方法①：テキストエディターでソースファイルを作成し、JDK（Java開発キット）のツールでコンパイルして実行する

方法②：テキストエディターと開発ツールが一体となった統合開発環境と呼ばれるソフトウェアを使用する

本格的なアプリケーションの作成には方法②が便利ですが、そのためにはまず統合開発環境の使い方をマスターしなくてはなりません。本書では**手軽に学習が始められる方法①を使用します。**

次に、本書を使用してJavaプログラムを学んでいくために必要なものをまとめておきます。

●パソコン●

パソコンのOSとしてはWindows、Mac、Linuxなどが利用できます。本書では**Windows 10かMacを使用している**ことを前提に解説します。

● JDK（Java開発キット）●

Javaコンパイラーやjavaバーチャルマシンなどのjavaプログラムの開発に必要なツールをまとめたのが**JDK**（Java Development Kit: Java開発キット）です。標準のJDKは現在の開発元であるオラクル社より「Oracle JDK」として無償で提供されています。

ただし、2019年4月にライセンスが変更され、Oracle JDKはサポート契約なしでの商用利用が難しくなってしまいました（個人での利用はこれまで同様に無償です）。そのため、最近では「**Open JDK**」と呼ばれるオープンソース版のJDKが広く使用されてきています。

● テキストエディター ●

ソースファイルの作成に必要なのが、テキストエディターです。Windowsの「メモ帳」やMacの「テキストエディット」のようなOS標準のテキストエディターを使うこともできますが、プログラムの効率的な入力や検証には力不足です。

本書では高機能で使い勝手がよく、動作も軽快なことから人気の高い「**Visual Studio Code**（VS Code）」を使用することを前提に解説します。Microsoft社が開発元のオープンソースのテキストエディターで、無料で使用でき、Windows版、Mac版、Linux版が存在します。

ステップ①：JDKをインストールする

まず、Javaを動かすためのOpen JDKをインストールしましょう。Open JDKにはさまざまな種類がありますが、本書では現在もっとも人気の高い**AdoptOpenJDK**のインストールについて解説します。AdoptOpenJDKは、IBM、Microsoftなどがサポートする AdoptOpenJDKプロジェクトにより開発されています。Windows用、Mac用のインストーラーが用意されているので簡単にインストールできます。

```
https://adoptopenjdk.net/
```

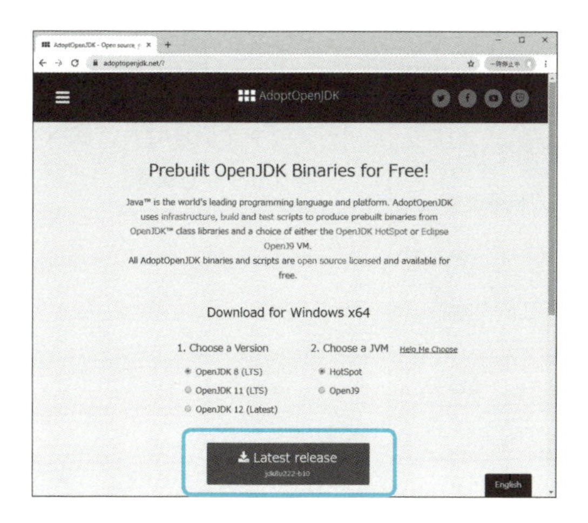

①AdoptOpenJDKのサイトにアクセスします。すると、現在使用しているOSに応じたダウンロードページが表示されます。「Latest release」ボタンをクリックすると推奨バージョンの最新版（本書執筆時点でOpenJDK 8）がダウンロードされます。

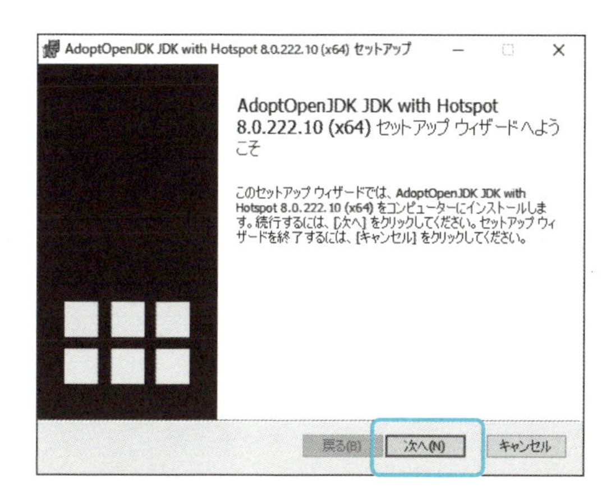

②ダウンロードしたファイルを解凍して、ダブルクリックするとインストーラーが起動します。「次へ」をクリックします。

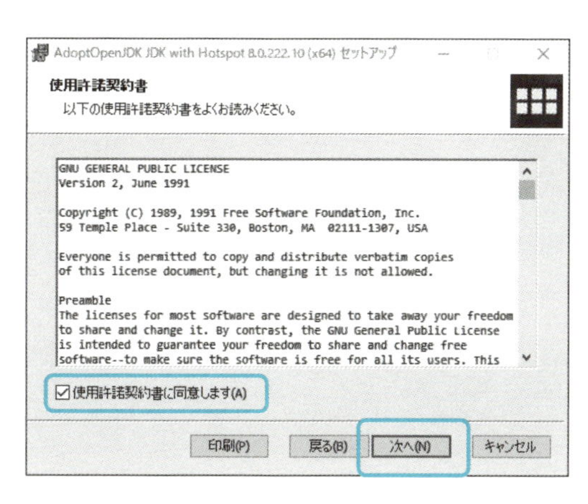

③「使用許諾契約書に同意します」にチェックを入れて「次へ」をクリックします。

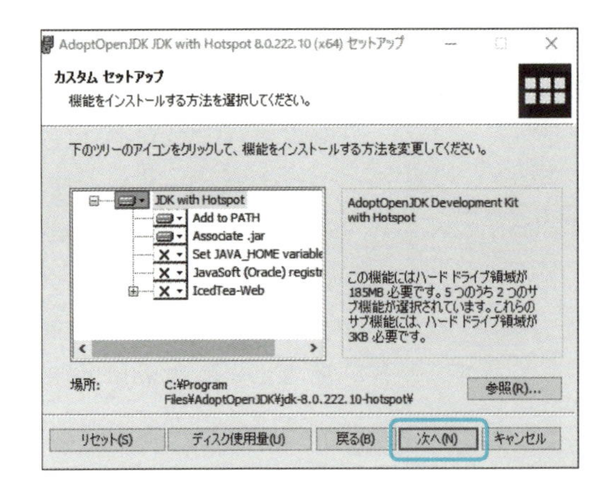

④インストール方法を選択します。通常は初期設定のままでかまいません。「次へ」をクリックします。

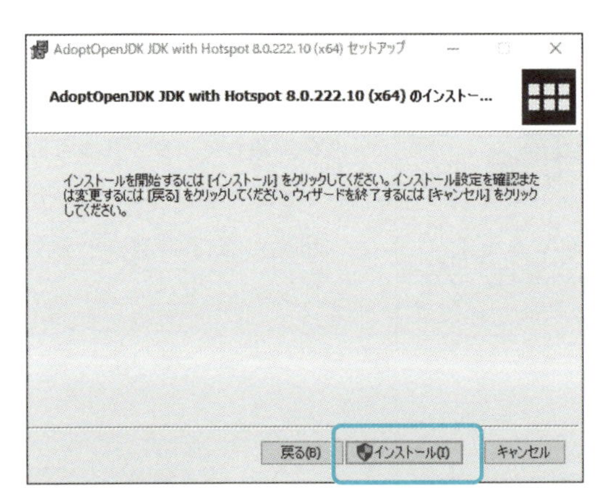

⑤「インストール」をクリックするとインストールが開始されます。

⑥インストールが完了したら、「完了」をクリックしてインストーラーを終了します。

ステップ②：Visual Studio Codeのインストール

続いてテキストエディター「Visual Studio Code」をインストールします。

```
https://code.visualstudio.com
```

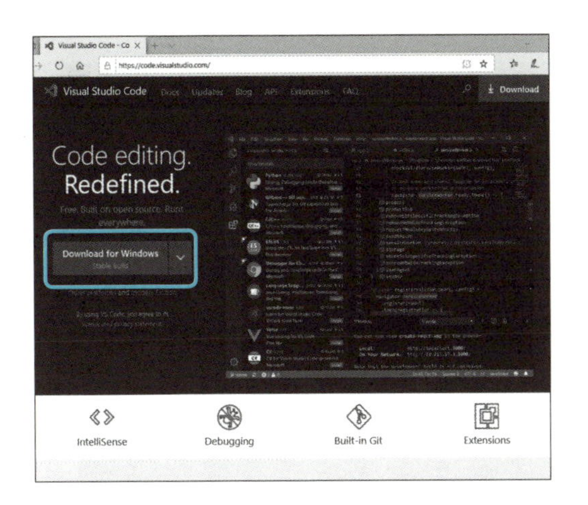

①Visual Studio Codeは、上記のサイトからWindows版、Mac版、Linux版がダウンロードできます。「Download for ○○」をクリックしましょう。

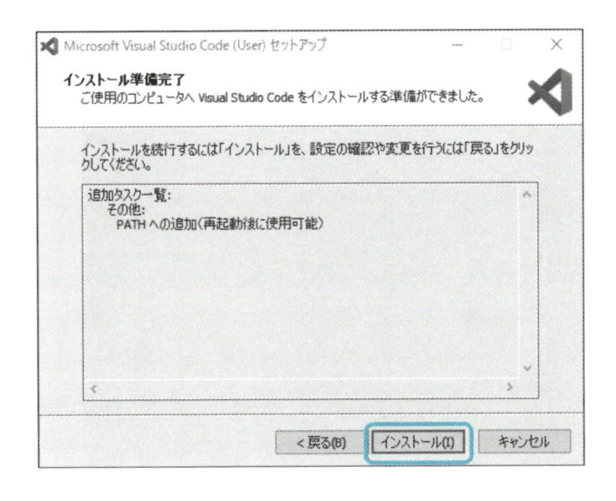

②使用しているOSに応じた最新の安定版がダウンロードされます。Windowsの場合はダウンロードしたファイルをダブルクリックするとセットアップが起動します。すべて初期設定の状態のままでインストールを進めましょう。

なお、Macの場合はダウンロードしたファイルを解凍すると「Visual Studio Code.app」というappファイルができます。「アプリケーション」フォルダなどに移動して使用しましょう。

ステップ③：Visual Studio CodeをJava用にセットアップする

次に、Visual Studio Codeで効率的にJavaプログラミングを進められるように環境設定を行いましょう。Visual Studio Codeは、「**拡張機能**」をインストールすることにより自由に機能を拡張できることが大きな特徴です。

●メニューを日本語化する●

まずは、「**日本語パック**」（Japanese Language Pack for Visual Studio Code）をインストールして、メニューや基本的なメッセージを日本語化しておきます。

①Visual Studio Codeを起動し、左の「アクティビティバー」の「Extensions」アイコンをクリックして拡張機能を開きます。「Japanese Language Pack」と入力して検索し、「Install」をクリックしてインストールします。

②「Japanese Language Pack」と入力して絞り込む

③「Install」をクリック

①「Extensions」を選択

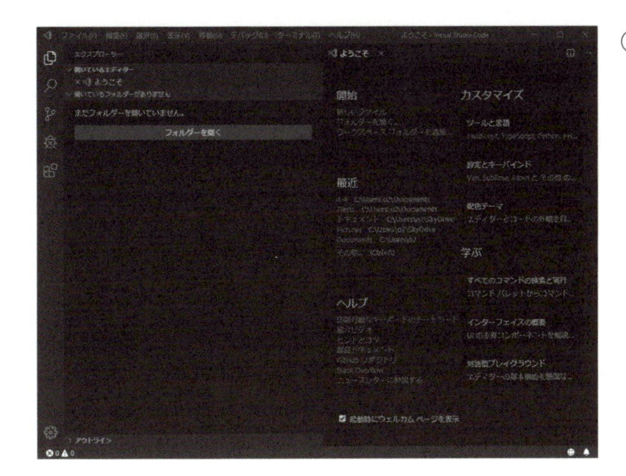

②インストールが完了すると、右下にVisual Studio Codeの再起動を促すダイアログが表示されるので、「Restart Now」をクリックします。再起動するとVisual Studio Codeの日本語化が完了します。

●Java Extension Packをインストールする●

次に、Javaプログラミングを行うための基本的な拡張機能をまとめた「**Java Extension Pack**」をインストールします。

先ほどと同様の要領で、左の「アクティビティバー」の「Extensions」のアイコンをクリックし、「Java Extension Pack」を検索して、「Install」ボタンをクリックします。

「Java Extension Pack」は、以下のJavaプログラム開発のための6つの拡張機能をまとめてパッケージ化したものです。

①Language Support for Java(TM) by Red Hat
Javaのプログラム入力をサポートしてくれるツール

②Debugger for Java
Javaプログラムのデバッグ(エラーの修正)を行いやすくするツール

③Java Test Runner
Javaプログラムをテストで動作させるツール

④Maven for Java
Mavenと呼ばれる開発環境を構築するためのツール

⑤Java Dependency Viewer
ライブラリやパッケージ、クラス等の依存関係を確認するツール

⑥Visual Studio IntelliCode
AIを活用したプログラムの入力サポートを行ってくれるツール

本格的なJavaプログラムを作成する際に使用するツールなどもありますが、ひととおりインストールしておくと便利です。

これで本書を読み進めるための準備は終了です。次のChapterから実際にJavaのプログラミングを見ていきましょう。

Chapter 2

Javaプログラム はじめの一歩

このChapterでは、実際にシンプルなJavaのソースファイルを見ながらJavaプログラムの構造を説明します。そのあとで、ソースファイルに文を追加してみましょう。プログラムのコンパイル方法と実行方法についても説明します。

Javaプログラムの基本構造を見てみよう

ここではまず、サンプルのJavaプログラムをVisual Studio Codeで開いて実行する方法について解説します。続いて、Javaプログラムの基本構造について見てみましょう。

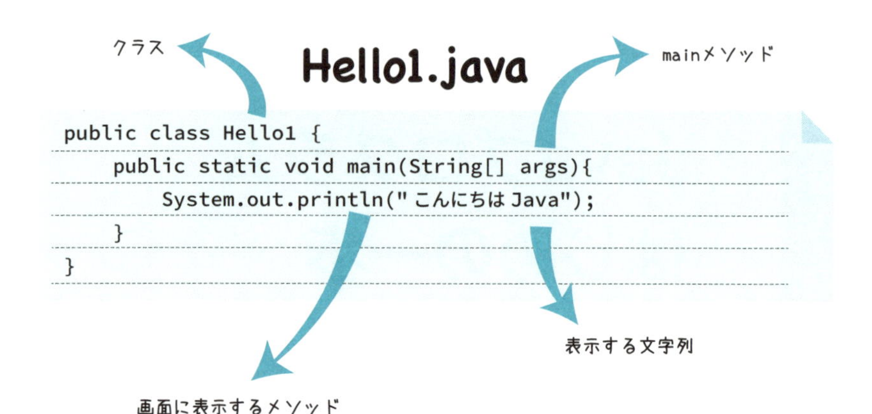

サンプルプログラム「Hello1.java」を開く

まずは**サンプルとして用意したJavaのソースファイル「Hello1.java」を、Visual Studio Code（以降、VS Codeと呼びます）で開いてみましょう**（サンプルデータのダウンロードについてはP10を参照してください）。Hello1.javaは、画面に「こんにちはJava」と表示するだけのシンプルなプログラムです。

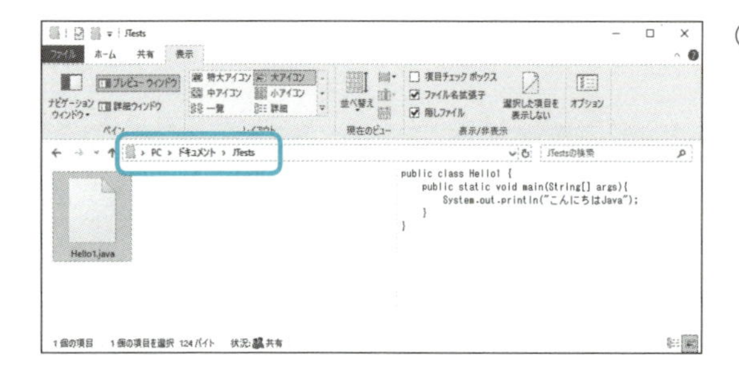

①ダウンロードしたサンプルファイル「Hello1.java」を適当なフォルダ（ここでは「ドキュメント」→「JTests」フォルダ）にコピーします。

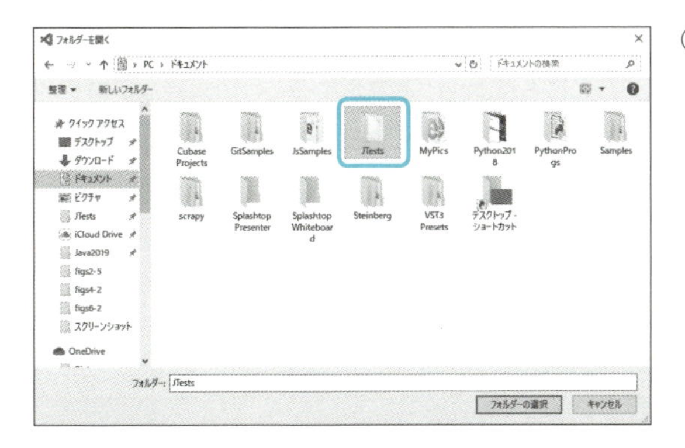

②VS Codeを起動し、「ファイル」メニューから「フォルダーを開く...」（Macの場合は「開く...」）を選択。「JTests」フォルダーを選択し、「フォルダーの選択」ボタンをクリックします。

③サンプルファイルを保存したフォルダーが作業用のフォルダーとして開かれ、左側の「エクスプローラー」に一覧が表示されます。

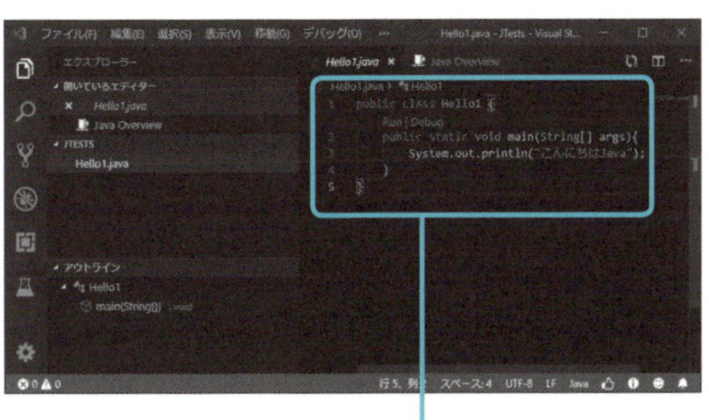

④「エクスプローラー」で「Hello1.java」をクリックすると、エディター領域にファイルの内容が表示されます。

Javaのソースファイルを開くと、「Java Language Server」というJavaの開発をサポートする機能も自動的に起動します。

●画面の各部の機能●

このサンプルプログラムは、「こんにちはJava」と表示するだけの単純なプログラムです。画面ではわかりにくいですが、「public」や「System」など、重要な単語が色分けして表示されています。

各部の機能

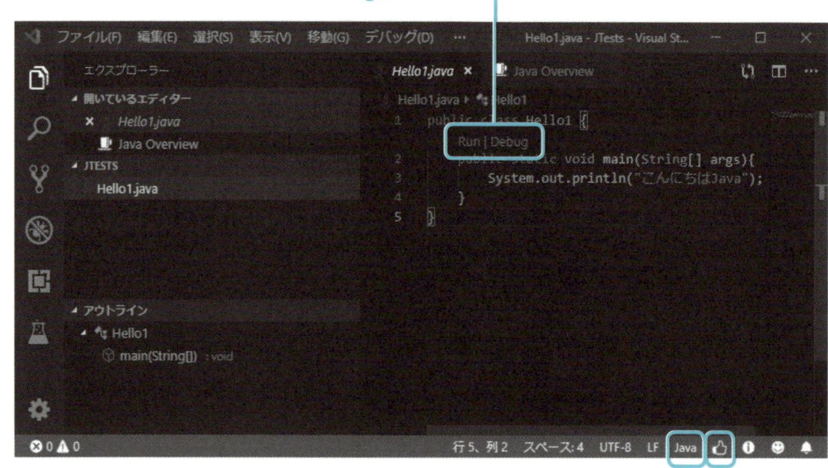

画面下部のステータスバーに「Java」と表示されていますが、これは現在の「言語モード」が「Java」に設定されていることを意味します。

また、**グレーで表示されている「Run | Debug」の文字は、プログラム内に記述された文字ではありません。** VS Codeの「CodeLens」と呼ばれる機能で、プログラムを実行できる「Run」ボタンと、プログラムを実行しながらミスを探せる「Debug」ボタンを表示しています。

Javaのソースファイルを開くと画面右下に「Classpath is incomplete. Only syntax errors will be reported」、および「Do you want to exclude the Visual Studio Code Java project settings files ～」などのメッセージが表示されることがありますが、いまの段階では無視してかまいません。「×」ボタンをクリックして閉じましょう。

Visual Studio Codeでプログラムを実行する

Visual Studio Codeには、Javaプログラムをコンパイルしなくても実行できる機能が用意されています。**「Run」ボタンをクリックすると、エディターの下側に「ターミナル」パネル（VS Codeのバージョンによっては「デバッグコンソール」）が表示され、実行結果として「こんにちはJava」と表示されます。**

プログラムを実行

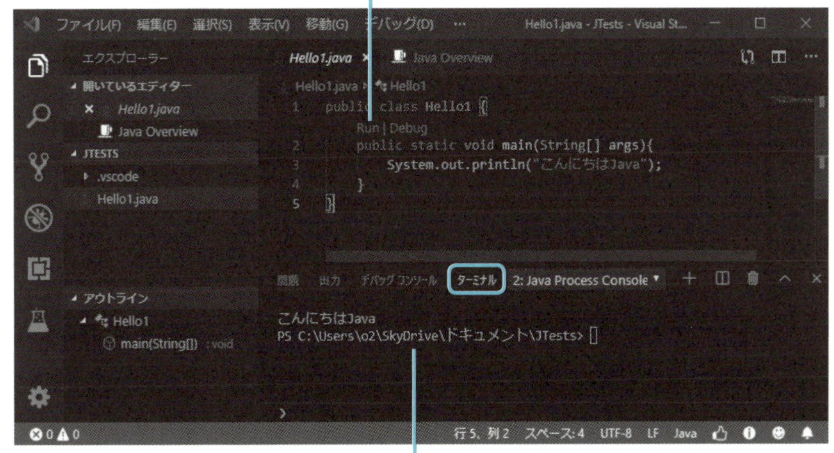

「ターミナル」パネルが表示されない場合には、「表示」メニューから「ターミナル」を選択します。

なお**「Run」ボタンは、ワンクリックでVS Codeの内部でプログラムの動作を確認する簡易的な機能**です。Chapter1で述べたようにソースファイルをコンパイルし、それを実行する方法については「Javaプログラムをコンパイルして実行しよう」(P54)で解説します。

COLUMN

RunボタンとDebugボタンの違いについて

VS CodeでJavaのソースファイルを読み込むと表示される「Run」ボタンと「Debug」ボタンは、どちらもプログラムを実行し、結果を「ターミナル」パネルに表示します。プログラムの不具合を見つける作業を「デバッグ」といいますが、「Run」ボタンは単に実行するだけなのに対して、「Debug」ボタンはそのデバッグ作業を効率的に行う機能が用意されています。たとえばどこに問題があるか突き止めるためにプログラムを途中で一時停止して値を確認したり、1行ずつ実行したりといったことができます。

Javaプログラムの基本構造を確認しよう

VS CodeによるJavaプログラムの実行方法がわかったところで、サンプルファイル「Hello1.java」を使用して、Javaプログラムの構造を見ていきましょう。

Hello1.java

```
public class Hello1 {
    public static void main(String[] args){
        System.out.println("こんにちはJava"); ←1
    }
}
```

「Hello1.java」は、画面に「こんにちはJava」と表示するだけのプログラムです。とくにJavaScriptやPythonといった他言語を勉強した経験のある方は、かなり長いと感じるかもしれません。実は、**この中で「こんにちはJava」を表示する命令は①の行だけ**です。ほかの部分はJavaのプログラムを構成するために必要な要素です。

●クラスはclassキーワードで指定する●

「Javaはオブジェクト指向言語」(P18)でクラスを「オブジェクトの設計図のようなもの」と説明しましたが、クラスはJavaプログラムの最小単位でもあります。**クラスの定義は次のような構造**になっています。

Javaプログラムのクラスの定義の構造

```
public class クラス名 {
    クラスの中身    ―― ブロック
}
```

Javaプログラムにおいて特別な意味を持つ単語をキーワードと呼びます。「class」がクラスを指定するためのキーワードで、そのあとにクラス名を記述します。最初の「public」はクラスが外部に公開されていることを示します。

「{」と「}」の間にはクラスの中身を記述します。この**「{」と「}」ではさまれた部分を「ブロック」と呼び、一連の処理のまとまりを表す**のに使用します。

Chapter 2

「public」はアクセス修飾子と呼ばれるもので、複数のクラスを組み合わせて使用する場合に重要になります。ほかに「private」（現在のクラスからのみ使用できる）や「protected」（現在のクラスおよびサブクラスからのみ使用できる）といったアクセス修飾子が存在しますが、本書では単体のクラスで成立する簡単なプログラムを作成しているため、「public」しか使用していません。

クラス名の先頭は大文字

サンプルではクラス名が「Hello1」になっています。このように**クラス名の先頭は大文字、それ以降は小文字**にします。なお、クラス名が複数の単語から構成される場合は「HelloWorld」のように各単語の先頭を大文字にします。

クラス名とファイル名は同じにする

Javaのソースファイルの拡張子は「.java」です。この**「.java」より前のファイル名とクラス名は同じにする必要があります。**「Hello1.java」のクラス名は「Hello1」でなければなりません。

クラス名とファイル名は揃える

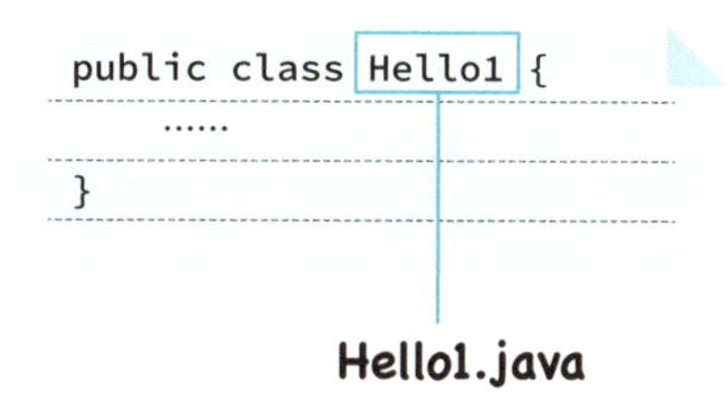

プログラムを起動するとmainメソッドが呼び出される

具体的にプログラムの内容を見てみましょう。P20でも紹介しましたが、オブジェクトに用意されている処理のことを「**メソッド**」といいます。サンプルには「main」という名前のメソッドが定義されています。この**mainという名前のメソッドは特別で、Javaプログラムの開始時に自動的に呼び出される**メソッドです。

main メソッド

```
public static void main (String args[]) {   ← 起動時に自動的に呼び出される
    System.out.println("こんにちはJava");
}
```

「main」の前に「public」、「static」、「void」というキーワードがスペースで区切られて記述されています。また、「main」のあとには「(String args[])」が記述されています。いまの段階ではこれらの意味を気にせず、**mainメソッドには必ずそれらを書く必要がある**ということだけ覚えておいてください。

> 後の章でも触れますが、「static」は静的という意味で、インスタンス化せずに使用できるメソッドに付けます。「void」は戻り値がないメソッドに付けるキーワードです。(String args[]) は、文字列の配列を引数として受け取ることを示しています。いずれも main メソッドに必要な記述です。

Chapter 2

● System.out.println(～)文とは ●

プログラム言語では個々の命令のことを「**文**」(ステートメント)と呼びます。日本語の場合は文の終わりは「。」ですが、**Javaの文の終わりはセミコロン「;」です**。Javaではこの「;」は省略できないので注意しましょう。

サンプルファイルでは、mainメソッドのブロックには次の文がひとつだけ記述されています。

main メソッドの文

```
System.out.println("こんにちはJava");
```

文の最後はセミコロン

「System.out.println(～)」のうち、まず、**println(～)**の部分に注目してみましょう。このprintlnは(～)の内容を画面に表示するメソッドです。printlnはこの「Hello1.java」の中で「画面に表示する」という動作が定義されているわけではないので、どこに定義されているかを示す必要があります。

これが「System.out」の部分で、あらかじめJavaに用意されている「**System**」というクラスの「**out**」というインスタンスの「**println**」というメソッドを使用する、という意味になります。このようにJavaでは、インスタンスやメソッドの区切りにピリオド「.」を使用します。

いまの段階では**「System.out.println(～)」全体で画面に文字列を表示する命令**と覚えておきましょう。

● 引数はメソッドに渡す値 ●

さて、メソッドに渡す何らかの値のことを**引数**(ひきすう)と呼びます。引数は「(」と「)」の間に記述します。先ほどの文では「こんにちはJava」という文字列がprintlnメソッドに渡されます。

println の引数

```
System.out.println("こんにちはJava");
```

引数

printlnは引数を画面に表示する役割をもつため、「こんにちはJava」という文字列が画面に表示されることになります。

●文字列はダブルクォーテーション「"」で囲む●

ここで、「こんにちはJava」が**ダブルクォーテーション「"」**で囲まれていることに注目しましょう。Javaでは文字列を表記する場合は、必ずダブルクォーテーション「"」で囲みます。

```
"こんにちはJava"
```

文字列は「"」で囲む

文字列を「"」で囲まないとエラーになるので注意しましょう。

まとめると、「Hello1.java」は次のような構造になります。

Hello1.java の構造

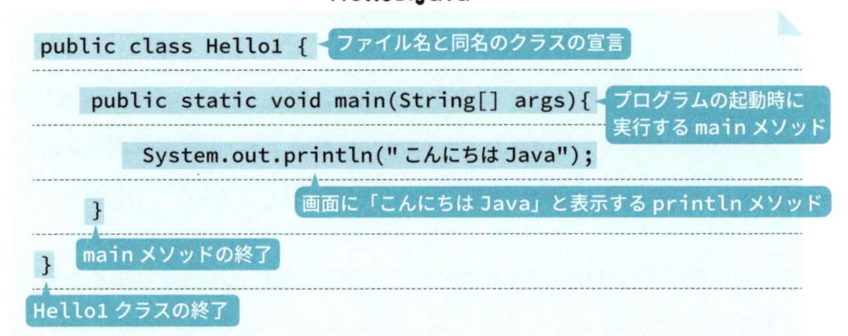

Think! 考えてみよう

① プログラムを起動すると「こんばんは！」と表示するようにしましょう

```
public class Aisatsu {
    public static void [          ] (String[] args){
        System.out.println( [             ] );
    }
}
```

↓

```
public class Aisatsu {
    public static void [ main ] (String[] args){
        System.out.println( [ "こんばんは！" ] );
    }
}
```

解説 main(Strigns[] args){～}とすることで、{～}内の処理がプログラム起動時に自動的に実行されます。

ソースプログラムの見やすさとインデント

Javaのソースプログラムでは、見やすくなるように、キーワードやメソッドなどの間に適当に半角スペースやタブ、あるいは改行のどれでも入れることができます。

たとえば前述の「Hello1.java」は、次のように記述してもプログラムとしては同じものと見なされます。

このように記述してもプログラムは動作する

```
public
    class   Hello1 {
    public
        static
void main(String[] args)
    {
        System.out.println("こんにちはJava");
}
}
```

ただし、この状態ではプログラムの構造がわかりにくいですよね。前の例のようにメソッドやその中の処理には、タブや半角スペースによって**インデント**（字下げ）を行うと見やすくなります。

字下げはタブ記号で行ったり、複数の半角スペースで行ったりと、いろいろなやり方があります。VS Codeでは、**初期設定ではTABキーを押すと半角スペース4つ分の字下げ**が行われます。

Hello1.javaのプログラムはHello1クラスの中でmainメソッドを定義しているため、2段階の階層が存在することから、インデントも2段あります。

半角スペース 4 つのインデント

```
public class Hello1 {
    public static void main (String args[]) {
        System.out.println("こんにちは");
    }
}
```

メソッドの中身は2段のインデント

メソッドは1段のインデント

クラス全体

なお、プログラム中で全角スペースは使用できないので注意してください。

Think! 考えてみよう

① プログラムに適切なインデントをつけてみましょう

```
[    ]public class Hello1 {
[    ]public static void main(String[] args){
[    ]System.out.println("こんにちはJava");
[    ]}
[    ]}
```

↓

```
public class Hello1 {
    public static void main(String[] args){
        System.out.println("こんにちはJava");
    }
}
```

解説 プログラムは適切なインデントを入れるとブロックの構造がわかりやすくなります。

02 Javaプログラムに文を追加してみよう

ここでは、前セクションで開いたJavaのソースファイル「Hello1.java」を編集し、mainメソッドの中に新たに文（新たな処理）を追加してみます。

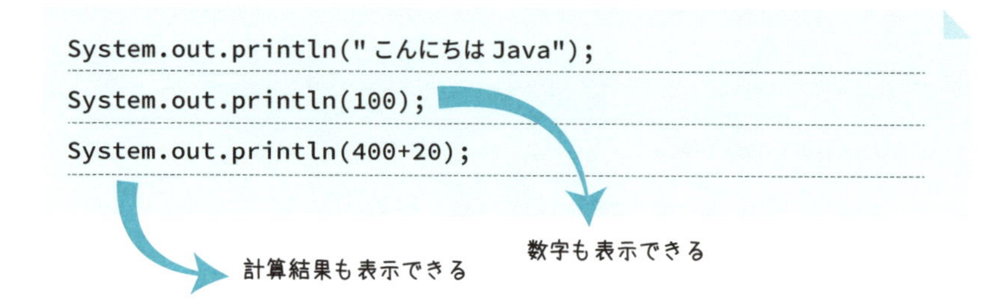

プログラムを別名で保存する

まず、前セクションで使ったサンプルファイル「Hello1.java」を開いた状態で「ファイル」メニューの「名前をつけて保存...」を選択し、**同じフォルダーに「Hello2.java」という名前で別名保存**しましょう。

●クラス名をファイル名と同じにする●

前セクションで説明したように、Javaではソースファイルのクラス名と拡張子を除いたファイル名が同じである必要があります。「Hello2.java」という名前で保存したので、**プログラム内のクラス名も「Hello2」に変更して上書き保存**します。

変更する箇所

```
public class Hello1 {
```

```
public class Hello2 {
```

「Hello1」を「Hello2」に変更する

mainメソッドに文を追加してみよう

シンプルなJavaプログラムでは、mainメソッド内に処理を記述していくことでプログラミングを行えます。mainメソッド内に、**次のような文を追加**してみましょう。すべて半角文字で入力してください。

文を追加

```
public static void main(String[] args){
    System.out.println("こんにちはJava");
    System.out.println(100);    ← この文を追加
}
```

実行すると次のように表示されます。

実行結果

```
こんにちはJava
100
```

追加した「System.out.println(〜)」では引数の「100」をダブルクォーテーション「"」で囲んでいません。この場合、「100」は文字列ではなく、数値と見なされます。

見た目は同じでも、**プログラミング言語では数値と文字列は明確に区別されます。**数値は足し算や割り算などの計算ができますが、文字列はできません。詳しくはP66で解説します。

●改行をしないで表示する●

「System.out.println(〜)」の代わりに「System.out.**print**(〜)」を使用すると、引数を出力した後に改行しません。次のような文を追加してみましょう。

文を３つ追加

```
public static void main(String[] args){
    System.out.println("こんにちはJava");
    System.out.println(100);
    System.out.print("東京");             ①改行なし
    System.out.print("オリンピックは");    ②改行なし
    System.out.println("2020年");         ③改行
}
```

追加したのは①②③の文です。①と②は「System.out.print(～)」を使用しているため改行なしで、③は「System.out.println(～)」を使用しているため改行ありで出力されます。

実行結果

```
こんにちはJava
100
東京オリンピックは2020年
```

COLUMN

VS Codeの入力補完機能

VS CodeのJava拡張機能でたいへん便利なのが、入力の補完機能です。キーワードやクラス名、メソッド名などの最初の数文字をタイプするだけで、候補の一覧を表示してくれます。候補の一覧が表示された状態でTABキーを押すと候補の一番上に表示されたものが補完されます。マウスや↑↓キーで候補を選択することもできます。

補完候補の一覧が表示される

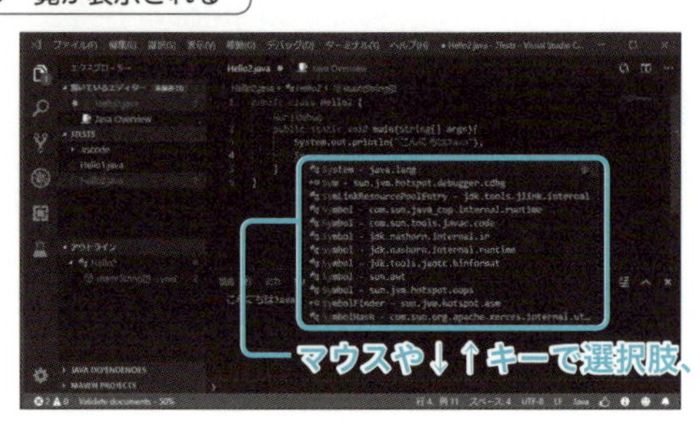

Think! 考えてみよう

① 「今日の天気は晴れです。」と表示してみましょう

```
System.out.[      ]([              ]);
```

↓

```
System.out.[println]("今日の天気は晴れです。");
```

解説 文字列を表示するときにはprintlnを書きます。文字列を表示するときは「"」で囲むのを忘れないようにしましょう。

② 「今日の天気は」「晴れです。」と2行で表示してみましょう

```
System.out.[      ]("今日の天気は");
System.out.[      ]("晴れです。");
```

↓

```
System.out.[println]("今日の天気は");
System.out.[println]("晴れです。");
```

解説 printlnを分けて書くと、改行された状態になります

③ 「今日の天気は晴れです。」と1行で表示してみましょう

```
System.out.[      ]("今日の天気は");
System.out.[      ]("晴れです。");
```

↓

```
System.out.[print]("今日の天気は");
System.out.[println]("晴れです。");
```

解説 printと書くと改行されません。2行目をprintとすると、実行後にプロンプト(P56)が続けて表示されてしまうので、printlnとしたほうがよいでしょう。

Chapter 2

足し算と引き算をしてみよう

算数では数値どうしを足し算する時に「+」記号を使用しました。たとえば「10 + 3」という式の結果は「13」となります。

Javaの場合も同じように、**「+」記号を使用すると数値どうしの足し算**が行えます。**「-」記号を使用すれば引き算**が行えます。

次のように「System.out.println(~)」を書き換えてみましょう。

足し算と引き算の文に書き換える

```
public static void main(String[] args){
    System.out.println(200 + 40);  ①
    System.out.println(200 - 40);  ②
}
```

実行結果

```
240  ①「200 + 40」の結果
160  ②「200 - 40」の結果
```

正しく計算されているのが確認できます。

「+」や「-」のように計算を行う記号を「演算子」と呼びます。演算子の前後には半角スペースを入れると見やすくなります。

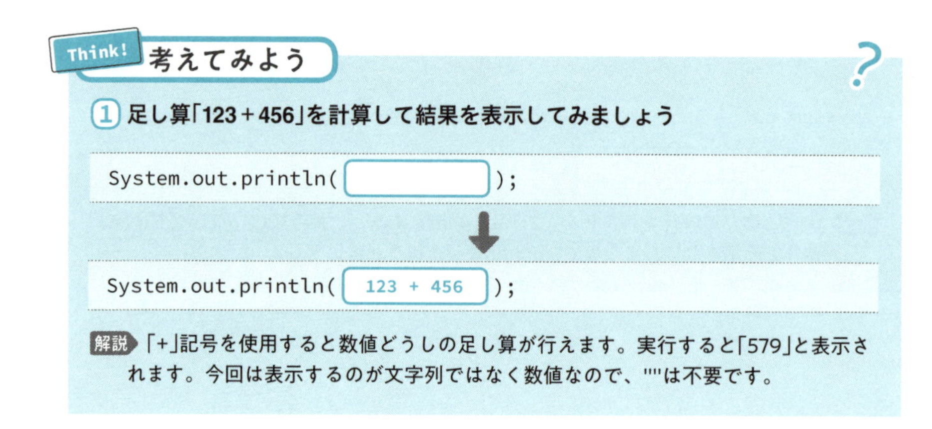

2 引き算「987-654」を計算して結果を表示してみましょう

```
System.out.println(          );
```

↓

```
System.out.println( 987 - 654 );
```

解説 「-」記号を使用すると数値どうしの引き算が行えます。実行すると「333」と表示されます。

Chapter 2

コメントを使う

ソースファイル内に記述する注釈を「**コメント**」といいます。コメントはプログラムの内容などのメモを残すための機能で、プログラムを実行する時には無視されます。コメントを入れておくことで、あとでプログラムを見直したり、ほかの人がプログラムを見た時に理解しやすくなります。Javaでは次の2種類のコメントが記述できます。

1行のコメント

```
// この記号以降、行末までコメントになります
```

複数行のコメント(1行でも可)

```
/*
このように書くと、
複数行のコメントになります
*/
```

たとえば、次のようにコメントを入れておくと、プログラムがひと目で理解しやすくなります。

コメントの例

```
public class Hello2 {
    /*
        テスト用のプログラム
        作成者: 田中一郎
    */
    public static void main(String[] args){
        System.out.println("こんにちはJava");
        // 以下では数値の計算結果を表示
        System.out.println(200 + 40); // 足し算
        System.out.println(200 - 40); // 引き算
    }
}
```

●コメントアウトでプログラムの一部を無効にする●

コメントは注釈を入れる以外の利用方法もあります。プログラムの開発時に、ある文をコメントにすることで一時的に無効化して、結果を確認するといった場合です。このようにプログラムの一部をコメントにして無効にすることを**コメントアウト**といいます。

たとえば、2つの文のどちらが適切かを調べたい時に、片方ずつコメントにして結果を確認するといったことがよくあります。

2つの文を切り替えて結果を確認する

```
//System.out.println(200 + 40);  ← この文が無効になる
System.out.println(200 - 40);
```

↓

```
System.out.println(200 + 40);
//System.out.println(200 - 40);  ← この文が無効になる
```

この例の場合、最初のプログラムでは160、次のプログラムでは240とだけ表示されます。

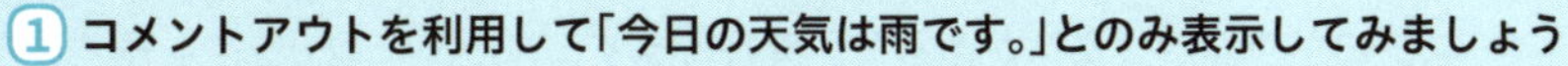

Think! 考えてみよう

① コメントアウトを利用して「今日の天気は雨です。」とのみ表示してみましょう

```
[    ]
System.out.println("今日の天気は晴れです。");
System.out.println("今日の天気は曇りです。");
[    ]
System.out.println("今日の天気は雨です。");
```

```
/*
System.out.println("今日の天気は晴れです。");
System.out.println("今日の天気は曇りです。");
*/
System.out.println("今日の天気は雨です。");
```

解説 コメントアウトには「//」だけでなく、「/* ~ */」も利用できます。

Chapter 2

ソースプログラムにエラーがある場合には

ソースプログラム内にミスがあると、実行できずにエラーになります。基本的なエラーは**「問題」パネルに表示されます**。たとえば文の最後の「;」を付け忘れた場合には「問題」パネルに次のようなエラーメッセージが表示されます。

「問題」パネルのエラーメッセージ

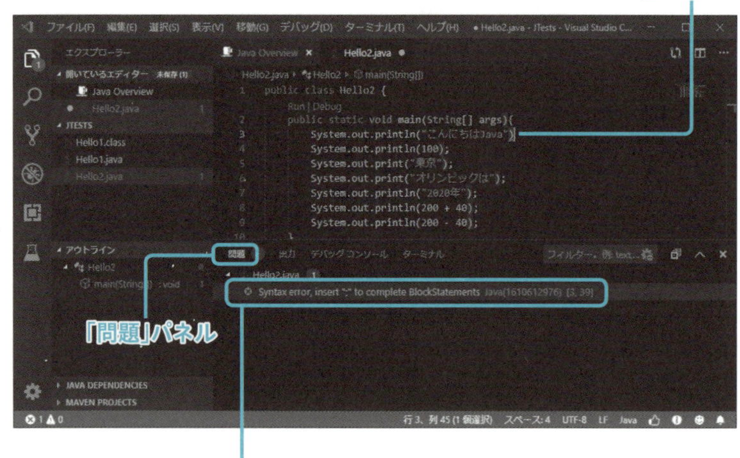

これは「Syntax error（文法上のエラー）」が「3,39」（3行目の39文字目）にあり、最後に「;」を付け加えればいいことを示しています。

なお、「Run」ボタンをクリックしてエラーが見つかった場合には「ターミナル」にエラーメッセージが英語で表示されます。

「Build failed. do you want to continue?」（ビルドに失敗しました。続けますか？）とメッセージが表示された場合は、「×」ボタンをクリックして閉じてください。

「ターミナル」パネルのエラーメッセージ

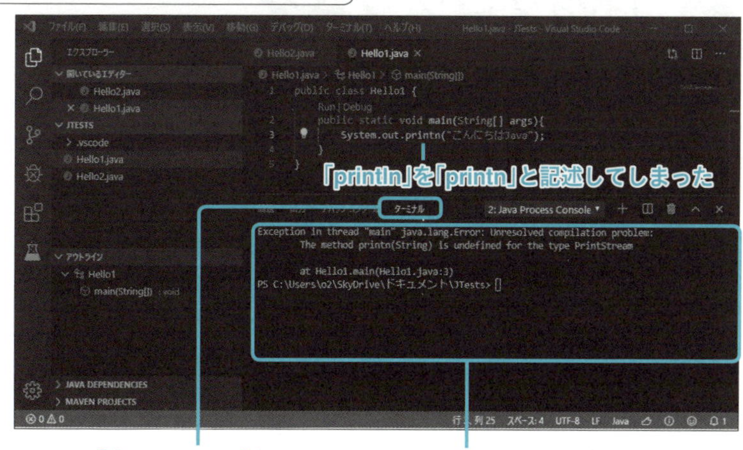

Think! 考えてみよう

① 「問題」パネルに次のようなエラーメッセージが出ました。プログラムを修正してみましょう

```
public class Hello2 {
    public static void main(String[] args)
        System.out.println("こんにちはJava");
    }
}
```

エラーメッセージ

```
Syntax error on token ")", { expected after this token
Java(1610612967) [2, 42]
```

↓

```
public class Hello2 {
    public static void main(String[] args){
        System.out.println("こんにちはJava");
    }
}
```

解説 2行目、42文字あたりに{が抜けているというメッセージが出ています。

03 Javaプログラムをコンパイルして実行しよう

このセクションではJavaプログラムのもっとも一般的な実行方法である、javacコマンドでコンパイルし、javaコマンドで実行する方法について説明します。

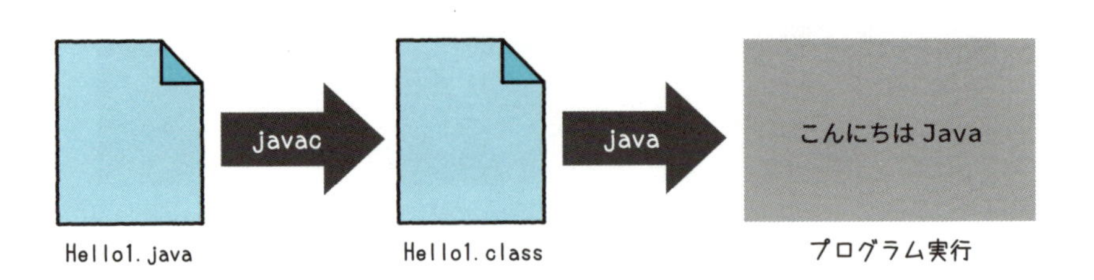

ターミナルでコンパイルする

Javaのソースファイルは拡張子が「**.java**」ですが、実は通常はこのファイルの状態ではJavaのプログラムは起動しません。通常はP16で触れたように、**プログラム実行用の「.class」という拡張子がついたクラスファイルをソースファイルから生成**して、このファイルを実行します。

ここまではVS CodeでJavaのソースファイルを開き、「Run」ボタンをクリックして実行することで結果を確認していましたが、これはVS Code内の拡張機能でプログラムを簡易的に実行しているだけです。ここでは自分でコマンドを使ってコンパイルを行い、生成されたクラスファイルを実行する方法について説明しましょう。

「Run」ボタンをクリックした場合でもクラスファイルは作成されますが、ソースファイルのフォルダとは別のワークエリアに保存されます。

Windowsの場合は「Windows PowerShell」(あるいはコマンドプロンプト)、Macの場合には「ターミナル」を使用する必要がありますが、VS Codeではそれらを別に起動しなくても、**「ターミナル」パネルからそれらを利用できます。**

また、Runボタンをクリックしたあとは、VS Code独自の「Java Process Console」が利用できます（Debugボタンの場合は「Java Debug Console」と名前が変わりますが、機能は同じです）。

「ターミナル」パネルで「Windows PowerShell」が起動

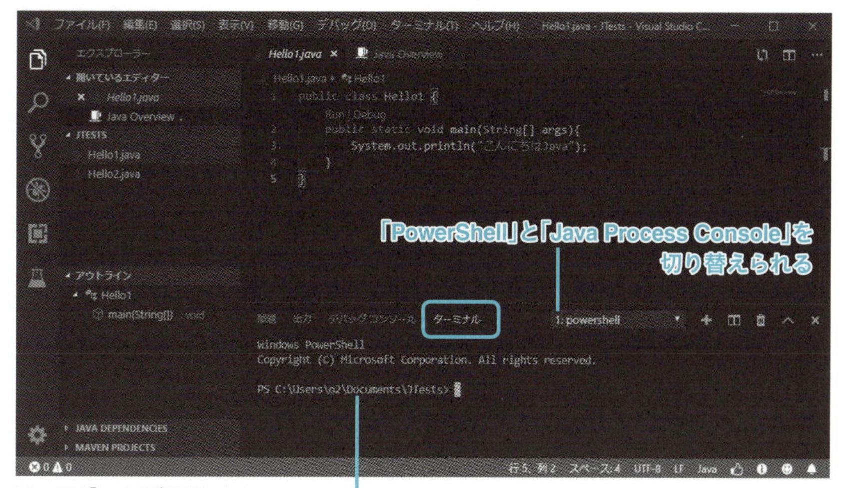

Macでは「bash」が起動します

「ターミナル」パネルでWindows PowerShell（Macの場合はbash）が起動してない場合は、一度Visual Studio Codeを終了して再起動するか、切り替えボックスの右にある「＋」をクリックして起動しましょう。

コンパイルから実行までの流れ

まずは、Javaのソースファイルをコンパイルして実行するまでの流れを確認しておきましょう。

①javacコマンドでコンパイル

ソースファイルをコンパイルすると、クラスファイルと呼ばれる拡張子が「.class」のファイルが生成されます。

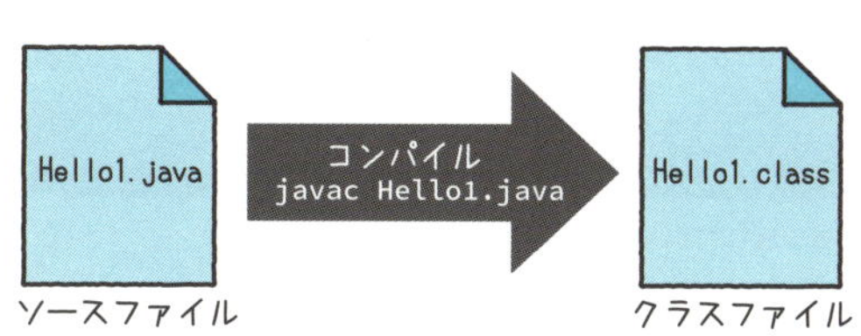

②javaコマンドで実行

作成したクラスファイルはjavaコマンドで実行します。実行結果がターミナルに表示されます。

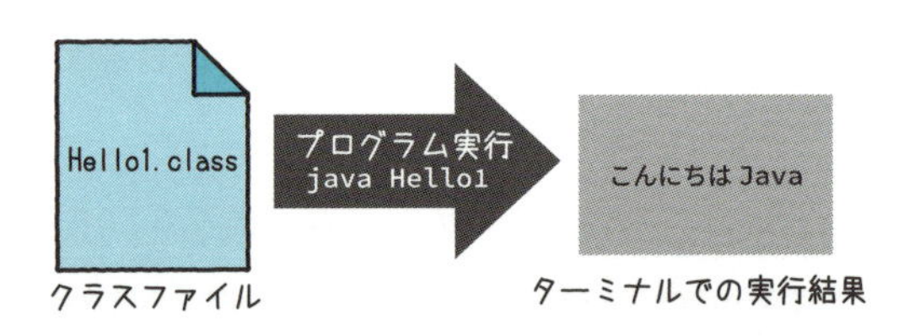

プログラムをコンパイルする

それでは、実際にコンパイルを行ってみましょう。VS Codeで「Hello1.java」を開いて、「ターミナル」パネルを開きます。ここでは、Windows PowerShellを利用した場合の手順を見ていきます。最後の行に現在コマンドを受け付ける状態であることを示す「プロンプト」が表示されます。

プロンプトが表示された状態

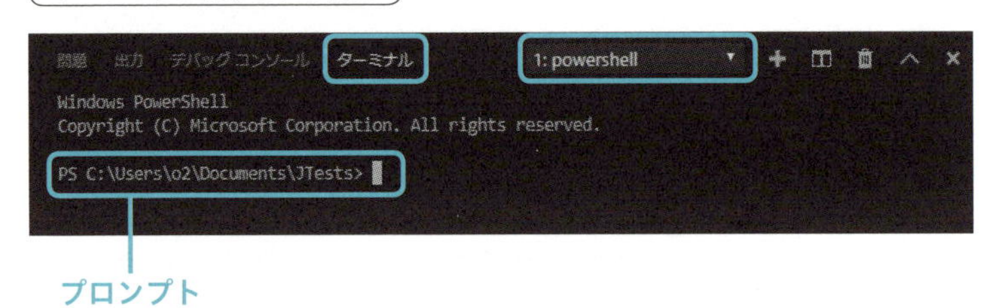

Windowsの場合プロンプトに続いて「dir」(Macの場合には「ls」)と入力してEnterキーを押すと、「JTest」フォルダー内のファイルの一覧が表示されます。

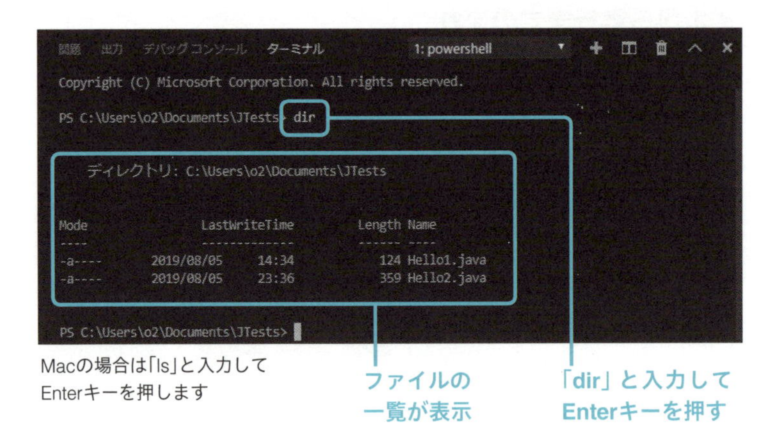

●javacコマンドでコンパイルする●

Javaのソースファイルをコンパイルするには**javacコマンド**を使用します。

```
javac ファイル名
```

Windowsの場合、文字コードがUTF-8のソースファイルをコンパイルしようとすると、日本語が文字化けしてしまいます。そこで、次のように「-encoding UTF-8」を指定します。

```
javac -encoding UTF-8 ファイル名
```

VS Codeの初期設定であり、プログラミング全般でも一般的に使われる文字コードはUTF-8です。WindowsのOSの初期設定の文字コードはShift_JISの一種であるMS932なので、この違いから日本語が入っていると文字化けを起こしてしまいます。なお、Windowsでも前述した「Java Process Console」を利用してコンパイルする場合は「-encodeing UTF-8」の記述は不要です（Eclipseなどの本格的な統合開発環境を使用する場合も必要ありません）。

Hello1.javaをコンパイルする際は、次のように記述してEnterキーを押します。

```
javac -encoding UTF-8 Hello1.java
```

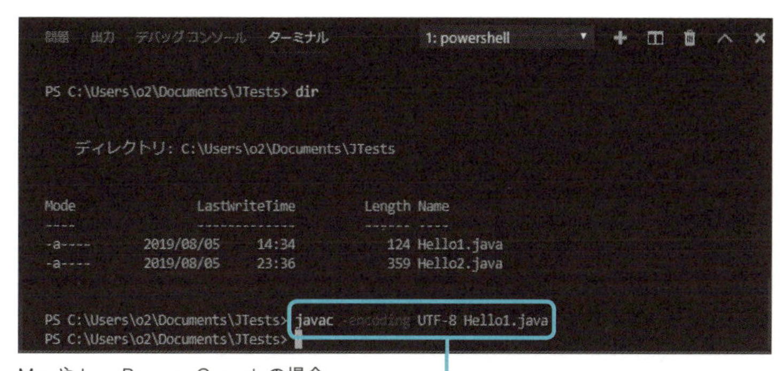

MacやJava Process Consoleの場合は「-encoding UTF-8」は省略できます

「javac -encoding UTF-8 Hello1.java」と入力してEnterキーを押す

なお、それぞれの単語やスペースは基本的に半角文字で入力します。

エラーが発生せずにコンパイルできた場合は**「Hello1.class」が生成されます。**「dir」コマンドを入力して確認してみましょう。

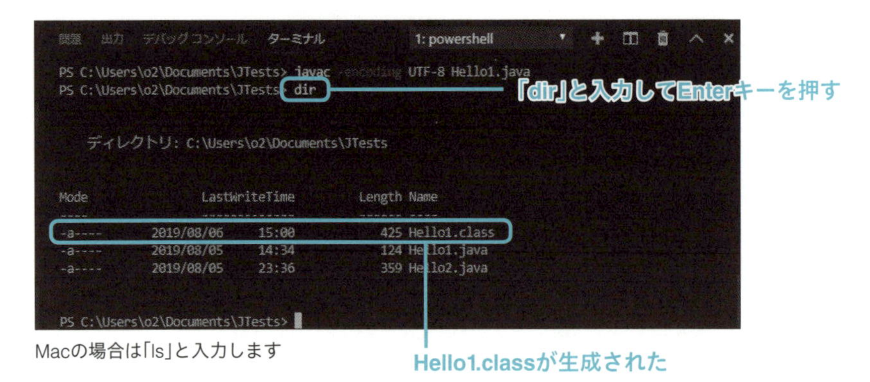

Macの場合は「ls」と入力します

●エラーが起こった場合●

ソースファイルにエラーがある場合にはクラスファイルは生成されません。javac コマンドを実行するとエラーメッセージが表示されます。

この場合はエラーメッセージを見て、どこに書きまちがいがあるか確認しましょう。

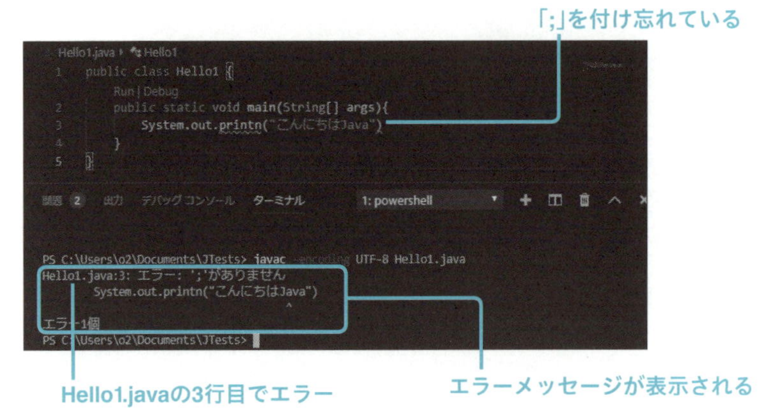

本書執筆時点では、Windows で「Java Process Consoe」を利用している場合はエラーメッセージが文字化けして表示されます。このような場合は Windows PowerShell に切り替えて実行して、エラーメッセージを確認しましょう。

javaコマンドでプログラムを実行する

作成された**クラスファイルを実行するにはjavaコマンドを使用します。**

```
java クラス名
```

javaコマンドにはスペースで区切ってクラス名を指定します。

この場合は「Hello1.class」のようなクラスファイル名ではない点に注意しましょう。拡張子を付けずに「Hello1」と指定します。

```
java Hello1
```

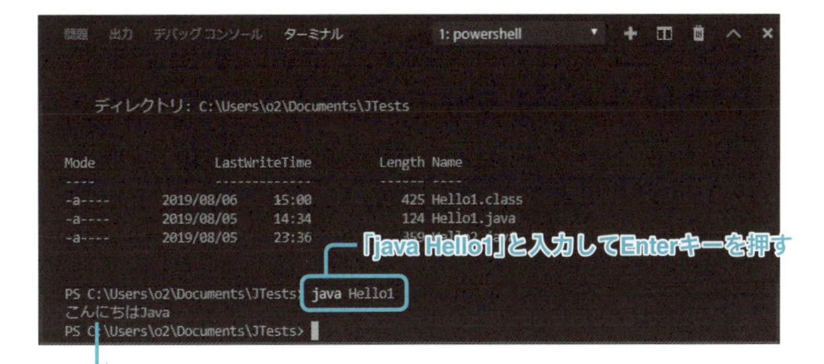

Think! 考えてみよう

① 「Sample.java」ファイルをコンパイルしてみましょう

[　　　　　　　　] Sample.java

↓

[javac -encoding UTF-8] Sample.java

解説 コンパイルする際のコマンドはjavacです。続けてソースコードが記述されたファイルを指定します。ソースコードファイルの拡張子は「java」です。Macの場合は「-encoding UTF-8」は省略できます。

② 「Sample」プログラムを実行してみましょう

[　　　　] [　　　　]

↓

[java] [Sample]

解説 javacコマンドでは「.class」ファイルが作成されますが、javaコマンドの後に続けて指定するのは、ファイル名ではなくクラス名です。

Chapter 3

変数と計算

このChapterでは、まず四則演算を基本としたシンプルな計算を行う方法について説明します。そのあとでプログラミングに欠かせない変数の使用方法について解説します。「変数」や「データ型」、「浮動小数点数」など耳慣れない単語が出てきますが、心配ありません。繰り返し使っていると自然に覚えてしまうでしょう。

01 いろいろな計算をしてみよう

このセクションではプログラミングの第一歩として、Javaで数値の基本的な計算を行う方法を解説します。掛け算と割り算は算数とは異なる記号を使うので注意しましょう。

+
足し算
−
引き算
*
掛け算
/
割り算
%
あまり

掛け算は「*」、割り算は「/」

「足し算と引き算をしてみよう」(P48) では、数値の足し算と引き算について説明しました。演算子には算数と同じく足し算に「+」と引き算には「-」を使いましたね。続いて、掛け算と割り算について見てみましょう。

算数で習った計算では、掛け算に「×」、割り算に「÷」の記号を使用します。それに対して、**Javaでは掛け算、割り算の演算子に次のような記号を使用します。**

掛け算：*
割り算：/

「×」の代わりに「*」を、「÷」の代わりに「/」を使う点に注意しましょう。

Javaと算数の違い

	算数の計算	Javaの計算
掛け算	4 × 10	4 * 10
割り算	20 ÷ 5	20 / 5

掛け算を「*」、割り算を「/」で表す書き方は、Javaだけでなく、多くのプログラム言語やExcelなどのソフトウェアでも共通です。

掛け算と割り算の結果を表示するプログラムを見てみましょう（以降で掲載しているプログラムはP10のURLからダウンロードできます）。

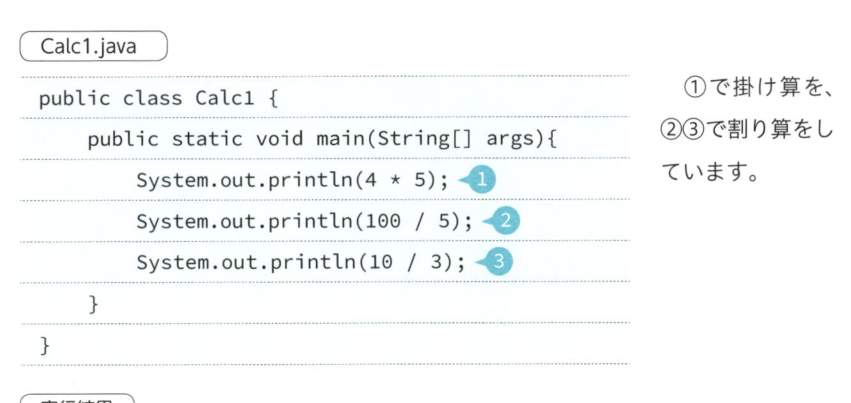

Calc1.java

```
public class Calc1 {
    public static void main(String[] args){
        System.out.println(4 * 5);   ←①
        System.out.println(100 / 5); ←②
        System.out.println(10 / 3);  ←③
    }
}
```

①で掛け算を、②③で割り算をしています。

実行結果

20	①「4 * 5」の結果
20	②「100 / 5」の結果
3	③「10 / 3」の結果

掛け算と割り算が正しく計算されていることが確認できます（③の結果については後述します）。

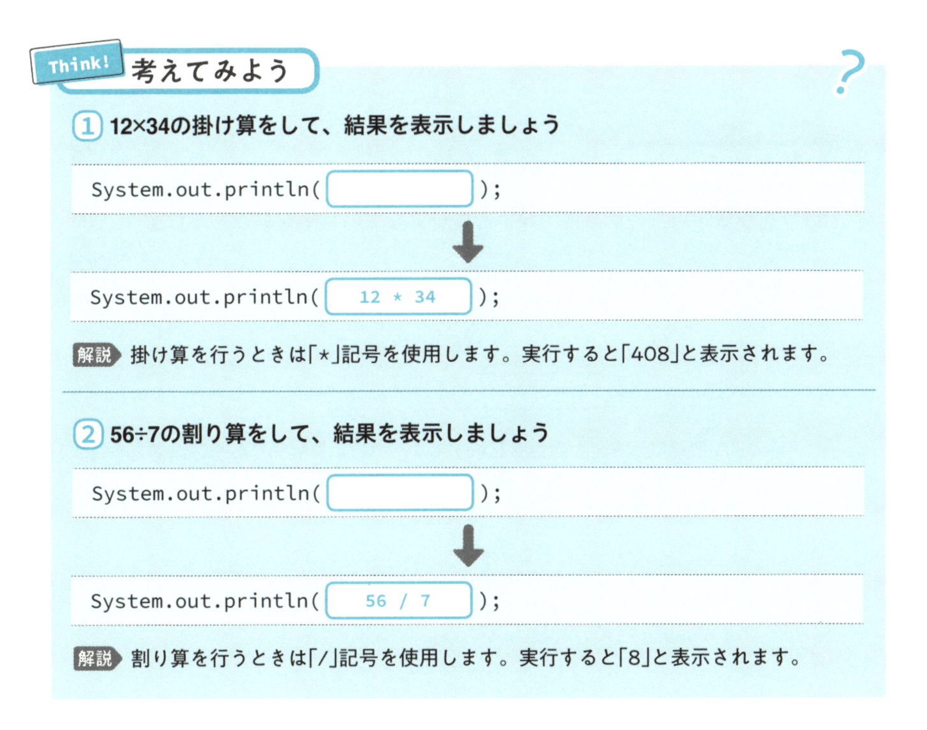

Think! 考えてみよう

① 12×34の掛け算をして、結果を表示しましょう

```
System.out.println(          );
```

↓

```
System.out.println( 12 * 34 );
```

解説 掛け算を行うときは「*」記号を使用します。実行すると「408」と表示されます。

② 56÷7の割り算をして、結果を表示しましょう

```
System.out.println(          );
```

↓

```
System.out.println( 56 / 7 );
```

解説 割り算を行うときは「/」記号を使用します。実行すると「8」と表示されます。

整数どうしの割り算は切り捨てられる

先ほどの③の「10 / 3」の結果が「3.333...」ではなく、「3」となっている点に注目してください。実はJavaの場合、**整数どうしの割り算では小数点以下の値が切り捨てられて、結果が整数になります**。切り捨てられないようにするには「10」を「10.0」のように**小数点を付けて記述する**必要があります。

Calc1_2.java(変更部分)

```
System.out.println(10.0 / 3);
```

System.out.println(〜)の引数を「10.0 / 3」に変更しています。これで小数点以下が切り捨てられないで表示されます。

実行結果

```
3.3333333333333335
```

なお、「基本データ型の概要を理解しよう」(P89)で詳しく説明しますが、「10.0」のような小数点以下の数値を含む数値は「**浮動小数点数**」と呼ばれる形式で保存されています。

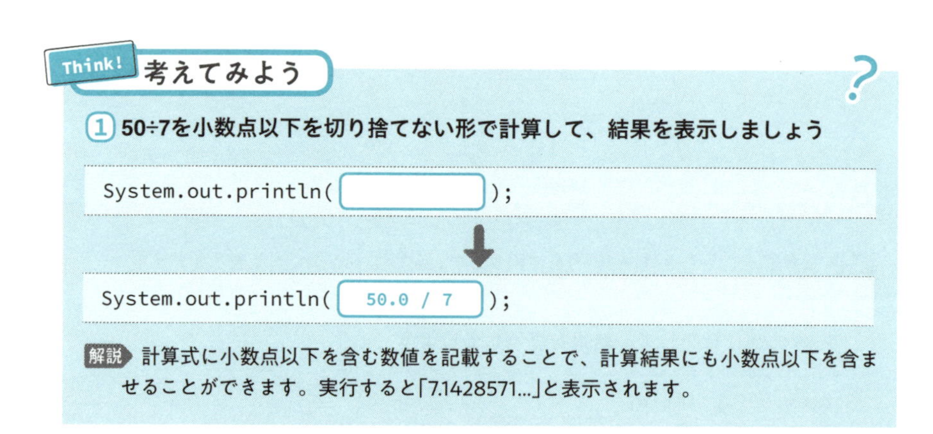

割り算のあまりを求める演算子

「+」、「-」、「*」、「/」の四則演算と並んでプログラムでよく使用する演算子に「**%**」があります。これは**割り算のあまりを求める演算子**で、「剰余演算子」ともいいます。たとえば、「10 % 3」は、10を3で割ったあまりを計算し、結果は「1」になります。

%演算子は次のように使用します。

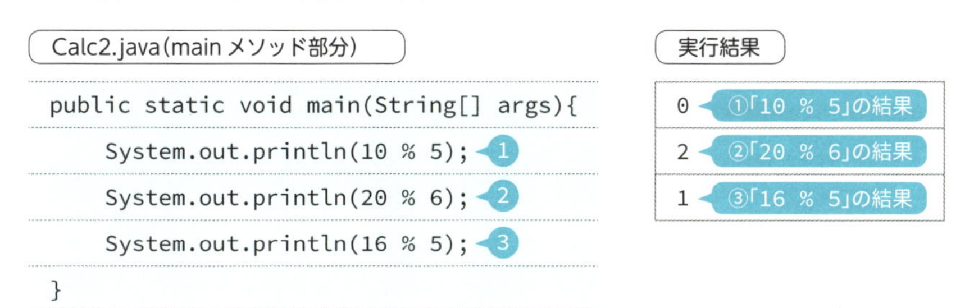

Calc2.java(main メソッド部分)

```
public static void main(String[] args){
    System.out.println(10 % 5);  ①
    System.out.println(20 % 6);  ②
    System.out.println(16 % 5);  ③
}
```

実行結果

```
0   ①「10 % 5」の結果
2   ②「20 % 6」の結果
1   ③「16 % 5」の結果
```

使い道がわかりづらい演算子に見えますが、たとえば「○○ % 2」とすると、「0だったら○○は2で割り切れる偶数、1だったら奇数」といった判別が行えます。

Think! 考えてみよう

① 50÷7のあまりを求めて、表示してみましょう

```
System.out.println(          );
```

↓

```
System.out.println( 50 % 7 );
```

解説 「%」を使用すると割り算のあまりを計算できます。実行すると「1」と表示されます。

② 56÷7のあまりを求めて、表示してみましょう

```
System.out.println(          );
```

↓

```
System.out.println( 56 % 7 );
```

解説 割り切れる計算の場合でも「%」は使用できます。実行すると「0」と表示されます。

文字列に「+」を使うと連結できる

+演算子は数値に使うと足し算でした。実は+演算子は**文字列に使うと、文字列を連結する働きがあります。**

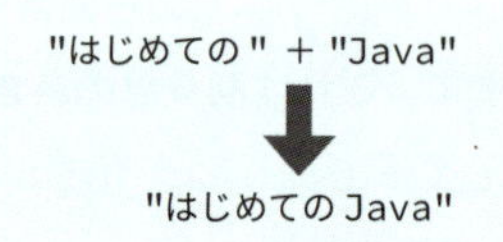

次のプログラムを見てみましょう。

StrPlus1.java(mainメソッド部分)

```
public static void main(String[] args){
    System.out.println("はじめての" + "Java"); ①
    System.out.println("19" + "59"); ②
    System.out.println(2020 + "年"); ③
}
```

実行結果

はじめてのJava ①「"はじめての" + "Java"」の結果
1959 ②「"19" + "59"」の結果
2020年 ③「2020 + "年"」の結果

①②は文字列どうしを「+」で接続しています。②は、「"19"」と「"59"」という数字ですが、**ダブルクォーテーション「"」で囲まれているため文字列として扱われます。**

●数値と文字列を「+」で接続すると文字列となる●

③に注目してみましょう。これは「2020」という数値と「"年"」という文字列に+演算子を使用しています。この場合、**数値が自動的に文字列に変換されてから接続**されます。

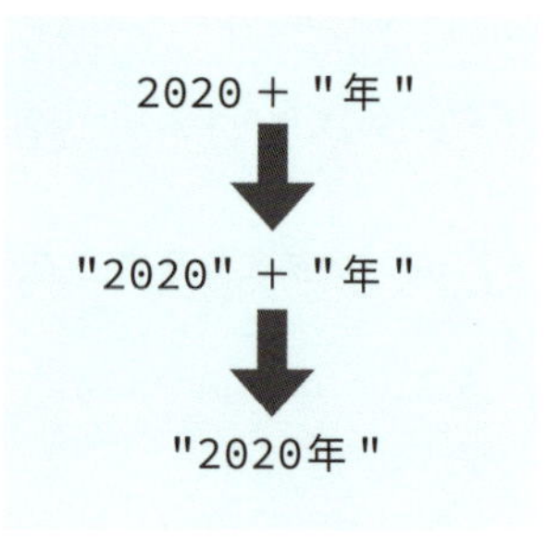

Think! 考えてみよう

① 文字列と数値（30）を連結して、「今日の降水確率は30%です。」と表示してみましょう

```
System.out.println("今日の降水確率は" + [    ] + "%です。");
```

```
System.out.println("今日の降水確率は" + [ 30 ] + "%です。");
```

解説 数値と文字列を「+」記号でつなぐと、数値が自動的に文字列に変換されます。「"30"」と、最初から文字列として扱ってもかまいません。

---

② 「30」と「60」の文字列を連結して、「3060」と表示してみましょう

```
System.out.println([          ]);
```

```
System.out.println( "30" + "60" );
```

解説 ""でくくると数字も文字列として扱われます。"30"もしくは"60"のどちらか片方の""を削除しても、結果は変わりません。

演算子には優先順位がある

算数では、ひとつの式の中で複数の計算を行う場合、**掛け算・割り算が足し算・引き算より優先される**というルールがありました。Javaの計算も同じです。

●同じ優先順位の演算子を使用した場合●

同じ優先順位の演算子を組み合わせて使用した場合には、左から順に計算されます。次の例を見てみましょう。

Calc3.java(main メソッド部分)

```
public static void main(String[] args){
    System.out.println(10 - 3 + 4 + 2); ←①
}
```

①の「10 - 3 + 4 + 2」が左から順に計算されます。

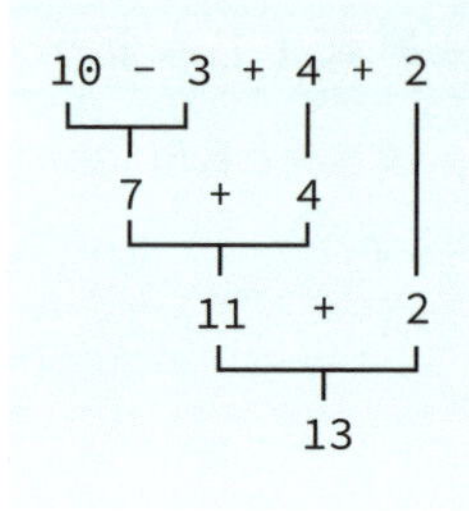

異なる優先順位の演算子を組み合わせた場合

異なる優先順位の演算子を組み合わせて使用した場合には、優先順位が高い部分(掛け算と割り算の部分)が先に計算されます。

Calc4.java(mainメソッド部分)

```
public static void main(String[] args){
    System.out.println(10 * 3 + 4 / 2); ←①
}
```

①の「10 * 3 + 4 / 2」が次のように計算されます。

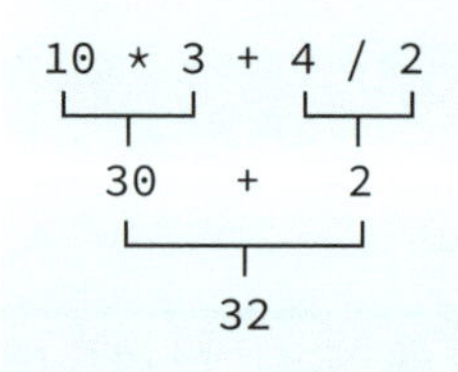

()で囲んで優先順位を変更する

算数と同様に計算の優先順位を変更するには、**優先したい部分を「(」と「)」で囲みます**。前述のCalc4.javaで「10 * 3 + 4 / 2」の「3 + 4」を優先させるには次のようにします。

Calc5.java(mainメソッド部分)

```
public static void main(String[] args){
    System.out.println(10 * (3 + 4) / 2); ←①
}
```

①の「10 * (3 + 4) / 2」は次のように計算されます。

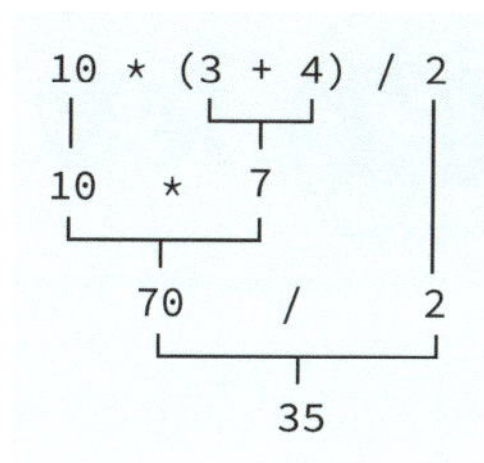

Think! **考えてみよう**

① 5+6×3-7を計算して、結果を表示してみましょう

```
System.out.println(          );
```

↓

```
System.out.println( 5 + 6 * 3 - 7 );
```

解説 算数と同様に加減乗除の内、乗除を先に計算し、その次に加減を行います。実行すると「16」と表示されます。

② 5+6×3-7の「5+6」と「3-7」を優先させて計算し、結果を表示してみましょう

```
System.out.println(          );
```

↓

```
System.out.println( (5 + 6) * (3 - 7) );
```

解説 算数と同様にカッコの中を先に計算し、その次にカッコの外の計算を行います。実行すると「-44」と表示されます。

02 変数を使ってみよう

Java に限らず、プログラムに欠かすことのできない存在が、値を格納する「変数」です。このセクションでは変数の基本的な使い方について説明します。

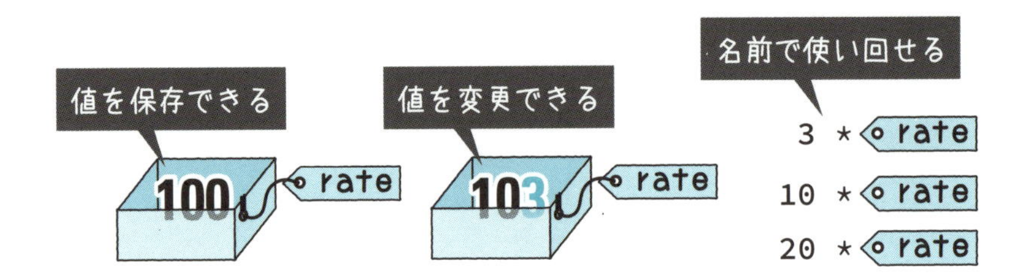

変数は名前付きの箱

値を一時的に保存しておきたいといったときに活躍するのが「**変数**」です。変数につけた名前を「**変数名**」といいますが、この変数名で保存した値を利用できます。**変数は、変数名のタグがついた箱のようなイメージ**でとらえるとよいでしょう。

たとえば、自分の年齢をageという名前の変数にしまっておけます。数値だけではなく、nameという変数に自分の名前の文字列を入れておくこともできます。

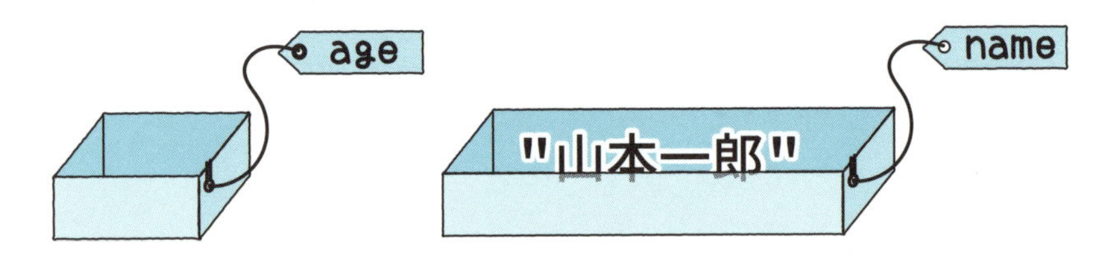

変数はなぜ便利？

変数の値は、**必要なときに取り出して計算などに使用できます**。たとえば、ドルを円に変換するプログラムを考えてみましょう。レートが1ドル100円なら、ドルの値に100を掛ければ円の値が求められます。では、レートが103円に変更された場合にはどうでしょう。変換したいドルの値がたくさんある場合にはとても面倒です。

ドル　レート　→　ドル　レート

10 * 100 → 10 * 103

32 * 100 → 32 * 103

4 * 100 → 4 * 103

レートが変わると…

すべてのレートを変更しなくてはならない

為替レートをrateという変数に格納しておけば、レートが変更になった場合にはrateの値を変更するだけですみます。

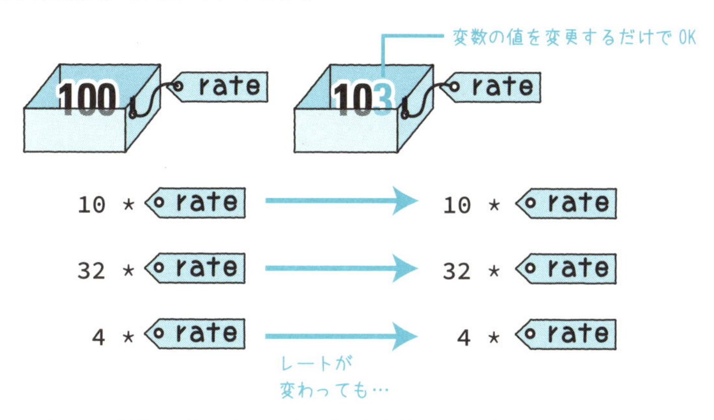

このように、**変数はプログラム中で何度も使用する値や、変更される可能性がある値に使うのが基本**です。

変数を宣言する

Javaで使用するデータには、それがどんな種類のデータかを示す「データ型」があります（なぜデータ型が必要かについては後述します）。たとえば整数なら「int」という型です。**変数を使用するためには、前もってどんなデータ型のデータを保存して、どんな名前で使用するのかを、次の形式で宣言しておく**必要があります。

```
変数のデータ型　変数名;
```

宣言自体もひとつの文なので、**最後に必ずセミコロン「;」を付ける必要がある**点に注意しましょう。たとえば、int型の変数を「age」という名前で宣言するには次のようにします。

```
int age;
```

これで、ageの値を格納する箱が用意されたようなイメージです。この状態では箱は空の状態です。

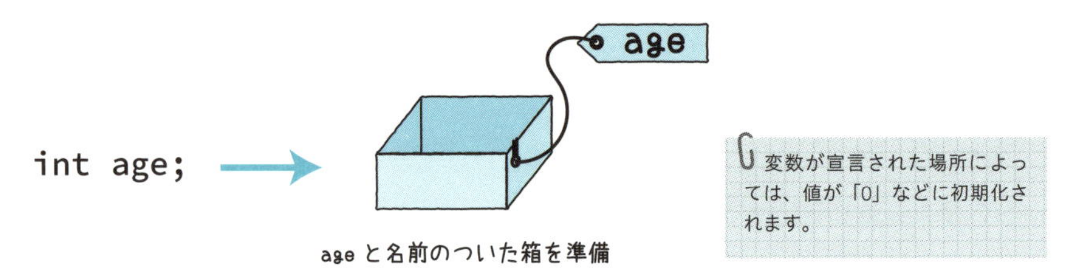

変数が宣言された場所によっては、値が「0」などに初期化されます。

●複数の変数を宣言するには●

複数の変数を宣言する場合、それぞれを文として記述します。

```
int num1;
int num2;
```

データ型が同じ場合には、次のように変数名をカンマ「,」で区切って宣言する方法もあります。

```
int num1, num2;
```

変数に値を代入する

宣言した変数に、値を入れることを「**変数に値を代入する**」といいます。記号には「**=**」を使用し、左辺に変数名、右辺に値を記述します。

```
変数名 = 値;
```

変数ageに40を代入するには次のようにします。

```
age = 40;
```

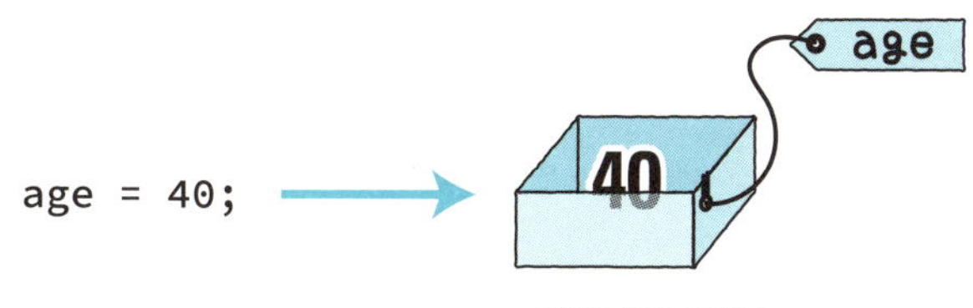

ageの箱に「40」を代入

ここで「=」の使い方が算数とプログラムでは異なる点に注意してください。算数の「=」はその左辺と右辺の値が等しいことを表します。プログラムの場合には、**左辺に記述した変数に、右辺の値を代入する**ことを表します。この「=」を**代入演算子**といいます。

変数ageを宣言して「40」を代入し、その値をSystem.out.println(～)で表示する例を見てみましょう。

Hensu1.java(mainメソッド部分)

```
public static void main(String[] args){
    int age; ←1
    age = 40; ←2
    System.out.println(age); ←3
}
```

①でint型の変数ageを宣言し、②で「40」を代入、③でageの内容を表示しています。

実行結果

```
40
```

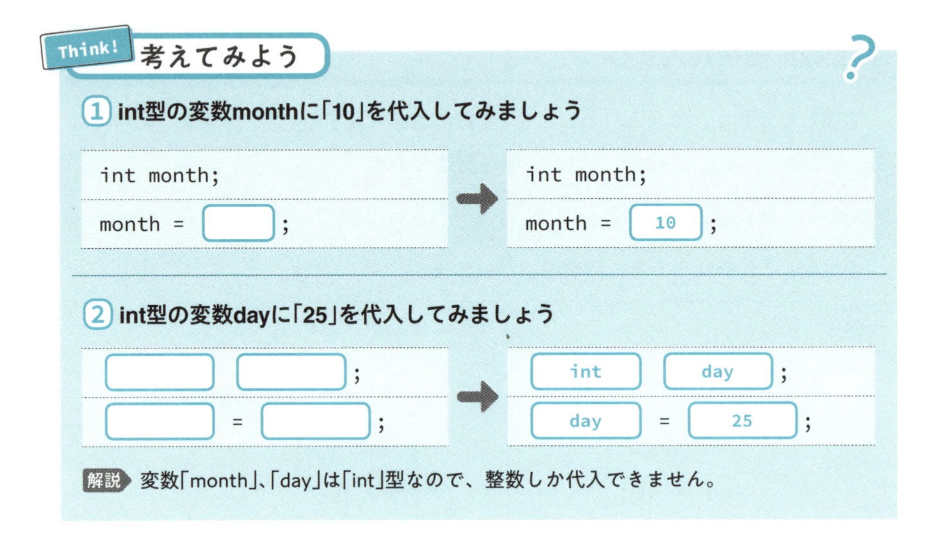

●ローカル変数は値を代入しないと使えない●

ここまで、mainメソッドの中で変数を宣言していましたが、このようなメソッド内部で宣言した変数は、そのメソッド内でのみ有効です。つまり、mainメソッド内で宣言した変数は、mainメソッドの外からは使えません。**このような変数を「ローカル変数」と呼びます。**このローカル変数は、なんらかの値を代入しないで使用するとエラーになります。

試しに値を代入した部分をコメントにしてみましょう。

値の部分をコメントにする

```
int age;
// age = 40;
System.out.println(age);
```

実行すると「問題」パネルに次のようなエラーメッセージが表示されます。

```
The local variable age may not have been initialized
```

これは「ローカル変数（local variable）の『age』が初期化されない可能性がある」というメッセージです。あとで値を代入しようとして忘れてしまうと、ほかの部分にエラーがなくても全体がエラーになってしまうので注意しましょう。

宣言と値の代入をひとつの文で行う

次のようにすると、ひとつの文で宣言と値の代入を行えます。

```
変数のデータ型 変数名 = 値
```

したがって、次の宣言は、

```
int age;
age = 40;
```

次のように書き換えても同じです。

```
int age = 40;
```

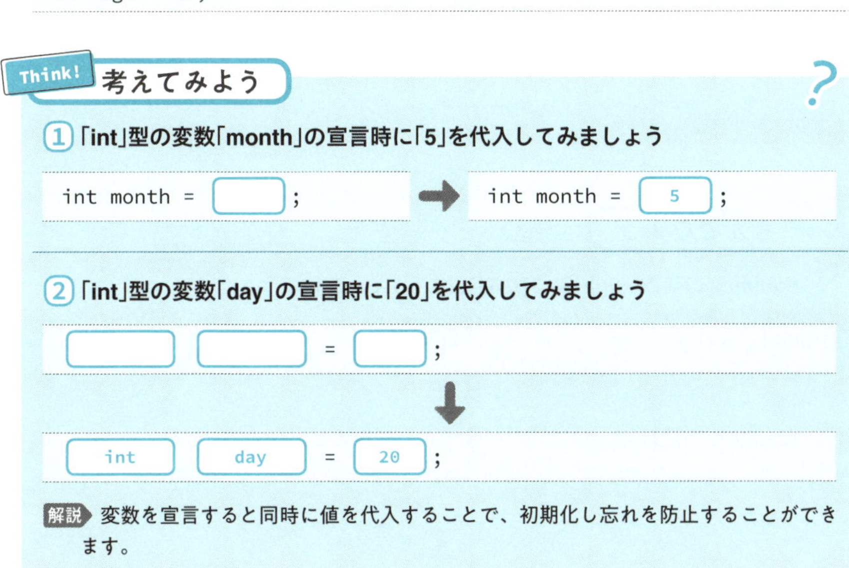

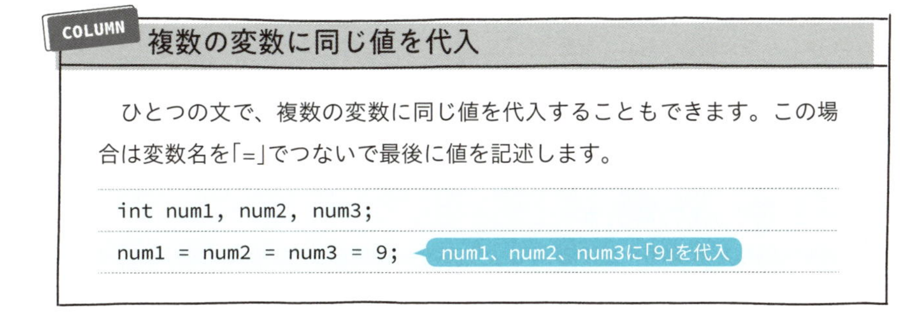

小数を含む数値は浮動小数点数

「3.14」のように小数を含む数値のことを、難しいことばで「浮動小数点数」と呼びます。**浮動小数点数はint型の変数には代入できません。**

浮動小数点数は、整数型とは別のデータ型となります。たとえば、算数では「4」と「4.0」は同じ値ですが、**プログラムでは「4.0」は浮動小数点数となり、整数型の変数を代入するとエラーになります。**

```
int num = 4.0;  ← エラー
```

次のセクションで詳しく説明しますが、浮動小数点数のデータ型の代表が**double型**です。たとえば、double型の変数heightを宣言して、19.4を代入するには次のようにします。

```
double height = 19.4;
```

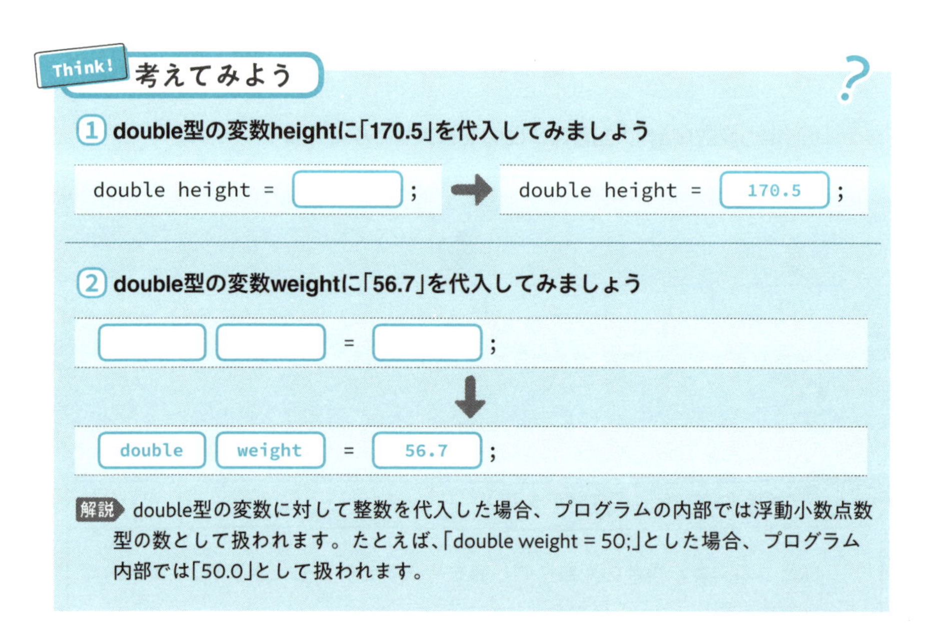

変数を使用した計算例

変数を利用した計算例を見てみましょう。double型の変数rateに為替レートを代入し、ドルの値から円の値を求める場合は次のようになります。

DollarToYen.java(mainメソッド部分)

```
public static void main(String[] args){
    double rate = 105.1; ①
    System.out.println(4 * rate); ②
    System.out.println(10 * rate); ③
    System.out.println(8 * rate); ④
}
```

①でdouble型の変数rateを宣言し「105.1」を代入しています。

②③④で変数rateと数値を掛け算してSystem.out.println(〜)で表示しています。

実行結果

```
420.4   ②「4 * rate」の結果
1051.0  ③「10 * rate」の結果
840.8   ④「8 * rate」の結果
```

②③④では変数rateを為替レートとして使用しています。**為替レートが変動した場合でも①の部分を変更するだけで計算が行えます。**変数rateの値を「110.0」に変更して再度実行してみましょう。

変数 rate の内容を変更

```
double rate = 110.0;   この行だけ変更
```

実行結果

```
440.0
1100.0
880.0
```

計算結果がすべて更新されたことがわかります。このように**プログラム中で何度も同じ値を使用する場合や、変更が行われる場合は、変数を使うと便利です。**

Think! 考えてみよう

① 変数を使った税率8%の計算をしてみましょう

```
double taxRate = 1.08;
System.out.println("350円の税込価格は");
System.out.print(350 * [        ]);
System.out.println("です。");
```

↓

```
double taxRate = 1.08;
System.out.println("350円の税込価格は");
System.out.print(350 * taxRate);
System.out.println("です。");
```

解説 税率を変数taxRateに保存することで、変数名で計算ができます。実行すると「350円の税込価格は378.0です。」と表示されます。

---

② 文を1行だけ変更して、税率10%で計算できるようにしてみましょう。

解説 税率を表す変数「taxRate」を「1.1」とするだけで対応できます。変更後に実行すると「350円の税込価格は385.00000000000006です。」と表示されます。「.00...6」の端数については、丸め誤差（詳細はP93参照）と呼ばれる誤差です。このような誤差に備えるため、一般的なプログラムではP105のような処理を行って整数に変換して表示します。

クラス名と変数名の付け方について

ここで、Javaプログラムの**変数やクラスの名前を決めるうえでのルール**について説明しましょう。

変数名やクラス名には、以下の文字を使うことができます。

変数やクラス名に使える文字

アルファベット	$	数字（ただし名前の先頭には使えない）	_ （アンダースコア）

名前の先頭には、数字は使えないので注意してください。$と_以外の記号（+、-、#、!など）も利用できません。

また、次に示す単語はあらかじめJavaで特別な意味をもつ「**予約語**」として設定されているので、変数名には使えません。

Java の予約語

abstract	assert	boolean	break	byte
case	catch	char	class	const
continue	default	do	double	else
enum	extends	final	finally	float
for	if	goto	implements	import
instanceof	int	interface	long	native
new	package	private	protected	public
return	short	static	strictfp	super
switch	synchronized	this	throw	throws
transient	try	void	volatile	while

また、予約語ではありませんが「**true**」、「**false**」、「**null**」は特別な用途に使われるため変数名には使用できません。では、一般的な変数名とクラス名の付け方を見てみましょう。

変数名の付け方

ひとつの単語の変数名はすべて小文字にします。複数の単語から構成される場合には**2番目以降の単語の先頭を大文字**にします（大文字がラクダのこぶのように見ることからキャメルケースとも呼ばれます）。

変数名の例

name	myAge	thePrice	ballSize

クラス名の付け方

クラス名は**先頭を大文字**にします。それ以外は変数名と同じです。これまで説明したように**クラス名とファイル名は同じ**でなければなりません。

クラス名の例

Person	HelloWolrd	Customer	SuperRobot

Java の最近のバージョンでは日本語の変数名やクラス名を使うことも可能です。ただし、入力が面倒であることと、慣習としてアルファベットで名前を付けることが多いので、使わないほうが無難でしょう。

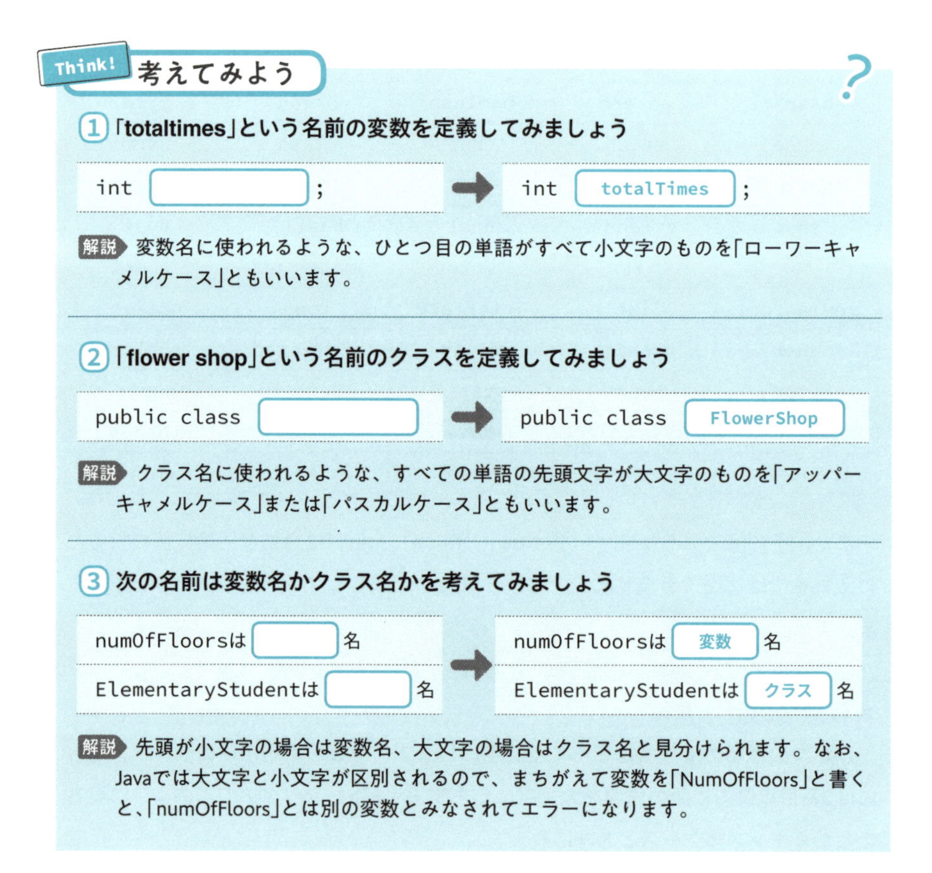

Think! 考えてみよう

① 「totaltimes」という名前の変数を定義してみましょう

```
int [        ];  →  int totalTimes ;
```

解説 変数名に使われるような、ひとつ目の単語がすべて小文字のものを「ローワーキャメルケース」ともいいます。

② 「flower shop」という名前のクラスを定義してみましょう

```
public class [        ]  →  public class FlowerShop
```

解説 クラス名に使われるような、すべての単語の先頭文字が大文字のものを「アッパーキャメルケース」または「パスカルケース」ともいいます。

③ 次の名前は変数名かクラス名かを考えてみましょう

numOfFloorsは［　　］名 → numOfFloorsは［変数］名

ElementaryStudentは［　　］名 → ElementaryStudentは［クラス］名

解説 先頭が小文字の場合は変数名、大文字の場合はクラス名と見分けられます。なお、Javaでは大文字と小文字が区別されるので、まちがえて変数を「NumOfFloors」と書くと、「numOfFloors」とは別の変数とみなされてエラーになります。

変数の計算で利用するさまざまな演算子

ここまで紹介してきたシンプルな四則演算以外にも、Javaでは変数に対してさまざまな計算が行える演算子があります。本セクションではよく使うものを紹介していきます。

Chapter 3

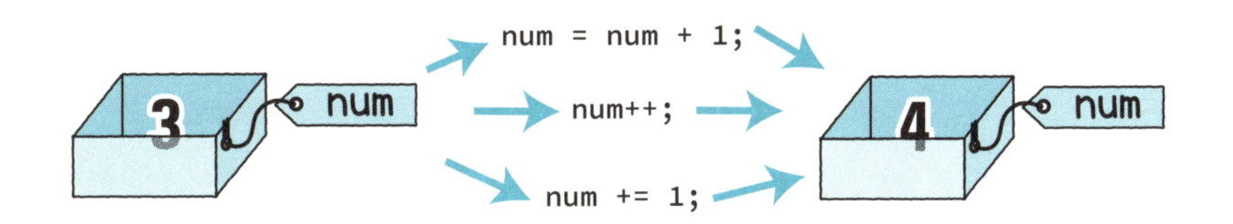

整数の値を1増やしたり、1減らしたりするには

プログラムでは**整数型の変数の値を1ずつ増やす、あるいは減らすといったケースがよくあります。**たとえば西暦の年を変数yearに格納しておいて、それを1ずつ増やして、それぞれの年の処理をしたいといったケースです。

足し算の+演算子を使用して、変数の値を1増やすには次のようにします。

```
変数名 = 変数名 + 1
```

たとえば、変数yearの値を1増やす処理を2回繰り返す例は次のようになります。

Inc1.java（mainメソッド部分）

```
public static void main(String[] args){
    int year = 2000; ①
    year = year + 1; ②
    System.out.println(year);
    year = year + 1; ③
    System.out.println(year);
}
```

①でint型の変数yearに「2000」を代入しています。②で変数yearの値に1を加え、再び変数yearに代入しています。

③でも同じく変数yearの値に1を加え、再び変数yearに代入しています。

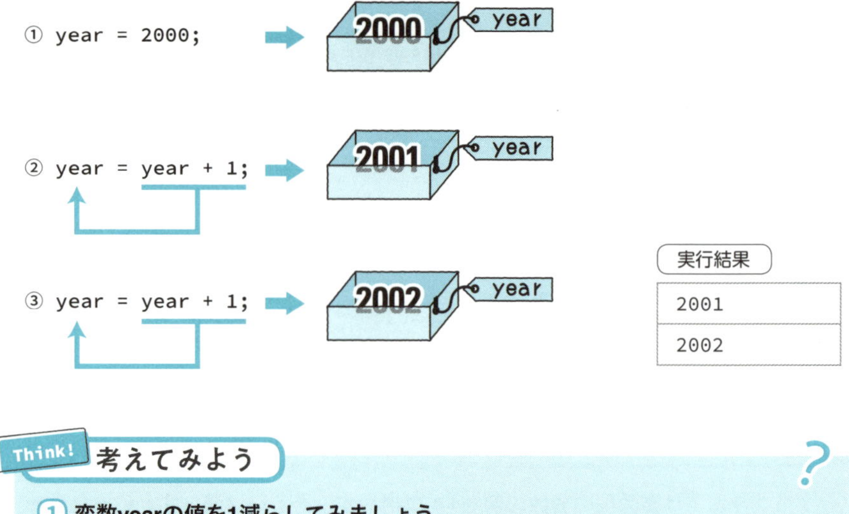

Think! 考えてみよう

① 変数yearの値を1減らしてみましょう

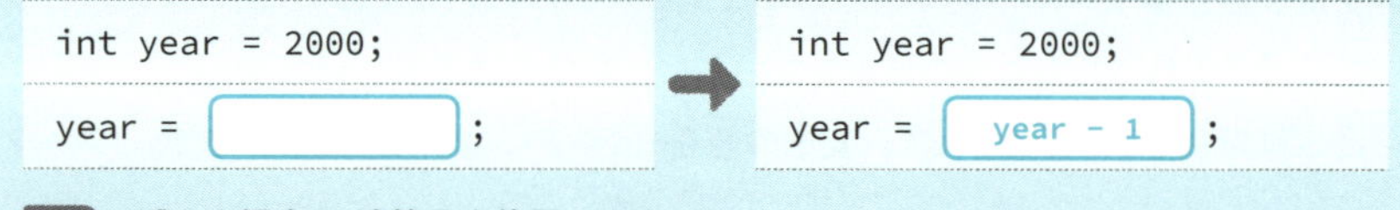

解説 1減らす場合は-演算子を使用します。

●++演算子と--演算子●

もちろんこの方法でもかまいませんが、整数を1増やしたり、減らしたりする処理はよく使われるため、**専用の演算子があります**。1増やすことを「インクリメント」、1減らすことを「デクリメント」と呼びますが、これらの名前がついた演算子が次のものです。

インクリメント・デクリメント

名 称	演算子	説 明	例
インクリメント演算子	++	1増やす	num++
デクリメント演算子	--	1減らす	num--

これらの演算子は**変数の前もしくは後ろに記述**します。たとえば、変数numの値を3回1ずつ増やし、そのあとで1減らすには次のようにします。

```
int num = 1;
num++;   numの値は2
num++;   numの値は3
num++;   numの値は4
num--;   numの値は3
```

++演算子と--演算子と変数の間には半角スペースを入れないのが一般的です。

先ほどのInc1.javaのプログラムを++演算子を使用して書き直すと次のようになります。

Inc2.java(mainメソッド部分)

```
public static void main(String[] args){
    int year = 2000;   ①
    year++;   ②
    System.out.println(year);
    year++;   ③
    System.out.println(year);
}
```

①でint型の変数yearに「2000」を代入し、②③でそれぞれ変数yearの値を1ずつ増やして表示しています。

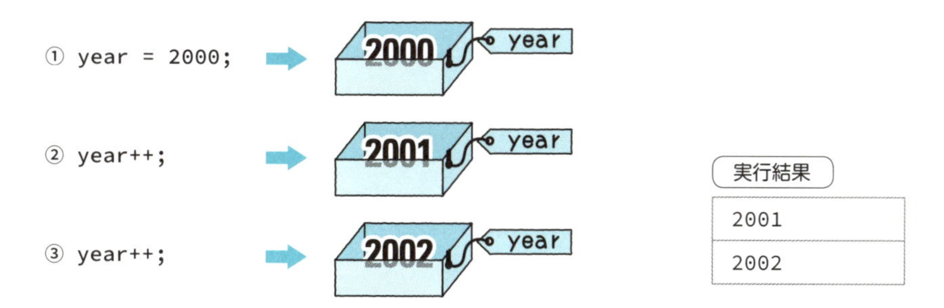

実行結果

```
2001
2002
```

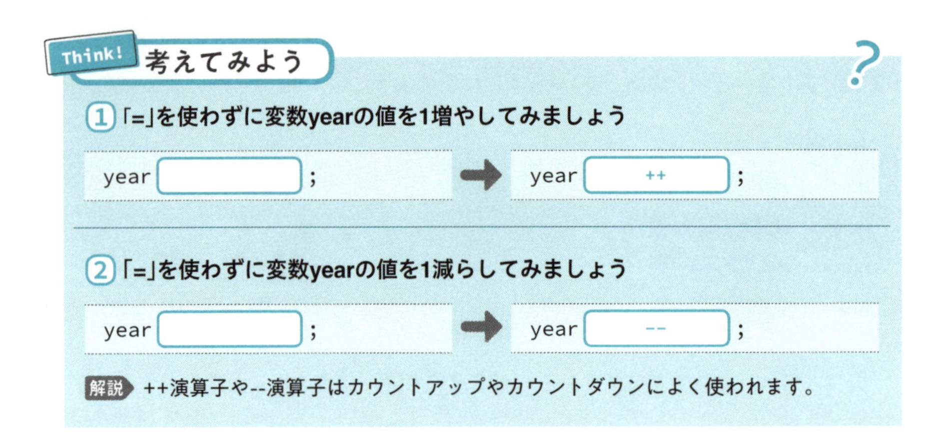

++演算子と--演算子の位置に注意

++演算子と--演算子は、変数の前と後ろのどちらにも記述できますが、**位置によって動作が異なる**ので注意が必要です。変数の前に記述した場合は変数が使用される前に増減され、後ろに記述した場合は変数が使用されてから増減されます。次の例を見てみましょう。

Inc3.java(main メソッド部分)

```
public static void main(String[] args){
    int num1, num2;
    num1 = 3; ①
    num2 = num1++; ②
    System.out.println("num1: " + num1); ③
    System.out.println("num2: " + num2); ④
}
```

int型の変数num1とnum2を宣言し、①でnum1に3を代入しています。②でnum1の後ろに「++」を記述して変数num1の値を1増やし、変数num2に代入しています。こう書いた場合、変数num1の値は変数num2に代入されたあとで1増やされます。③と④で変数num1とnum2の値をそれぞれ表示しています。

実行結果

num1: 4
num2: 3

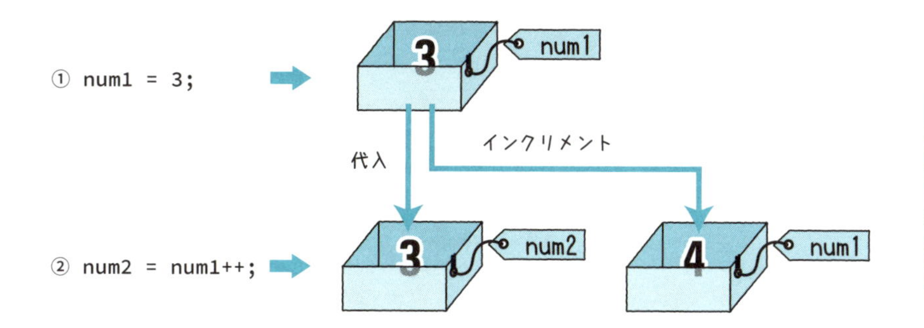

実行結果を見ると、**変数num2には変数num1がインクリメントされる前の値が代入されている**ことがわかります。

では、++演算子を変数num1の前に記述するように変更してみましょう。

Inc4.java (変更部分のみ)

```
num2 = ++num1;
```

今度は、**変数num1の値がインクリメントされたあとで、変数num2に代入されます**。したがって変数num1とnum2の値はどちらも4になります。

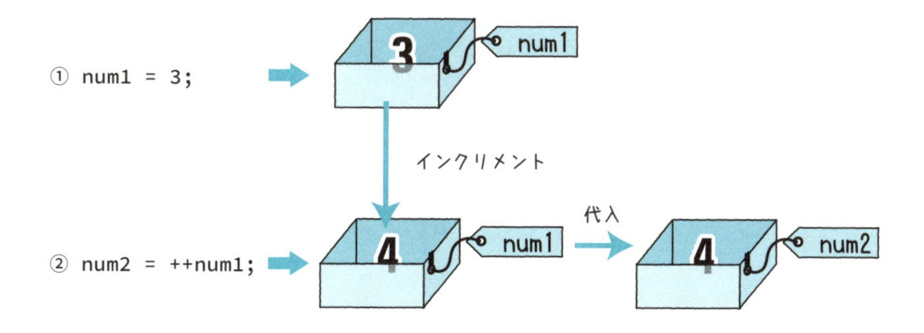

実行結果

num1: 4
num2: 4

Think! 考えてみよう

① num1が99、num2が100となるように、num1をnum2に代入しましょう

```
num1 = 100;
num2 = [        ];
```

➡

```
num1 = 100;
num2 = [ num1-- ];
```

② num1が101、num2が101となるように、num1をnum2に代入しましょう

```
num1 = 100;
num2 = [        ];
```

➡

```
num1 = 100;
num2 = [ ++num1 ];
```

解説 代入などの処理の前に1ずつ増やす「++変数」を「プリインクリメント（前置インクリメント）」、処理の後に1ずつ増やす「変数++」を「ポストインクリメント（後置インクリメント）」ともいいます。

変数に計算を行って結果を同じ変数に代入する

++演算子は変数の値を1増やし、--演算子は1減らします。同様に、単純な計算を行って変数の値を変更したいときは、**代入演算子で記述することもできます**。これまで代入演算子は「=」のみを使用していましたが、たとえば「+=」という代入演算子を使うと、変数の値に足し算して、結果をその変数にあらためて代入できます。

次の例は+演算子と=を使用して変数numの値に3を加えています。

```
int num = 4;
num = num + 3;
```

numの値は7になる

この文は代入演算子「+=」を使用すると、**次のようにシンプルに記述できます。**

```
int num = 4;
num += 3;
```

なお、++演算子と同じ処理を代入演算子で記述すると次のようになります。

```
num += 1;
```

代入演算子は「=」や「+=」以外にもさまざまな種類があります。「=」以外の主な代入演算子は次の表のようになります。

主な代入演算子

演算子	例	説明
+=	a += b	a = a + bと同じ
-=	a -= b	a = a - bと同じ
*=	a *= b	a = a * bと同じ
/=	a /= b	a = a / bと同じ
%=	a %= b	a = a % bと同じ

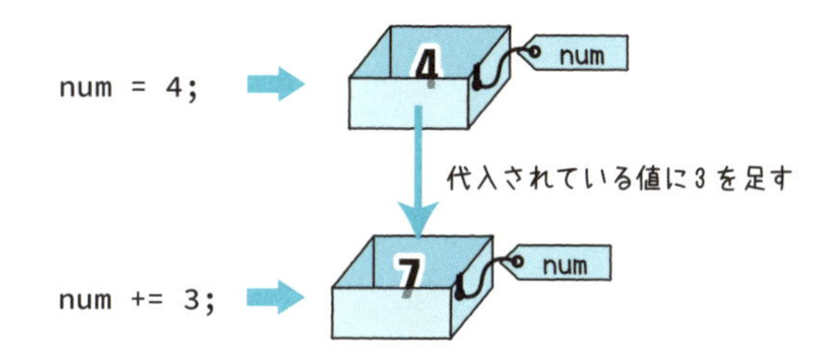

これらの代入演算子を実際に使ってみましょう。

Dainyu1.java(mainメソッド部分)

```
public static void main(String[] args){
    int num1 = 4;
    num1 += 5;
    System.out.println(num1);
    num1 -= 3;
    System.out.println(num1);
    num1 *= 4;
    System.out.println(num1);
    num1 /= 2;
    System.out.println(num1);
    num1 %= 5;
    System.out.println(num1);
}
```

実行結果

```
9   ← num1 += 5の結果
6   ← num1 -= 3の結果
24  ← num1 *= 4の結果
12  ← num1 /= 2の結果
2   ← num1 %= 5の結果
```

画面に表示しているのはすべて変数num1ですが、プログラムの文ごとに代入演算子の計算によって値が変わっていることがわかります。

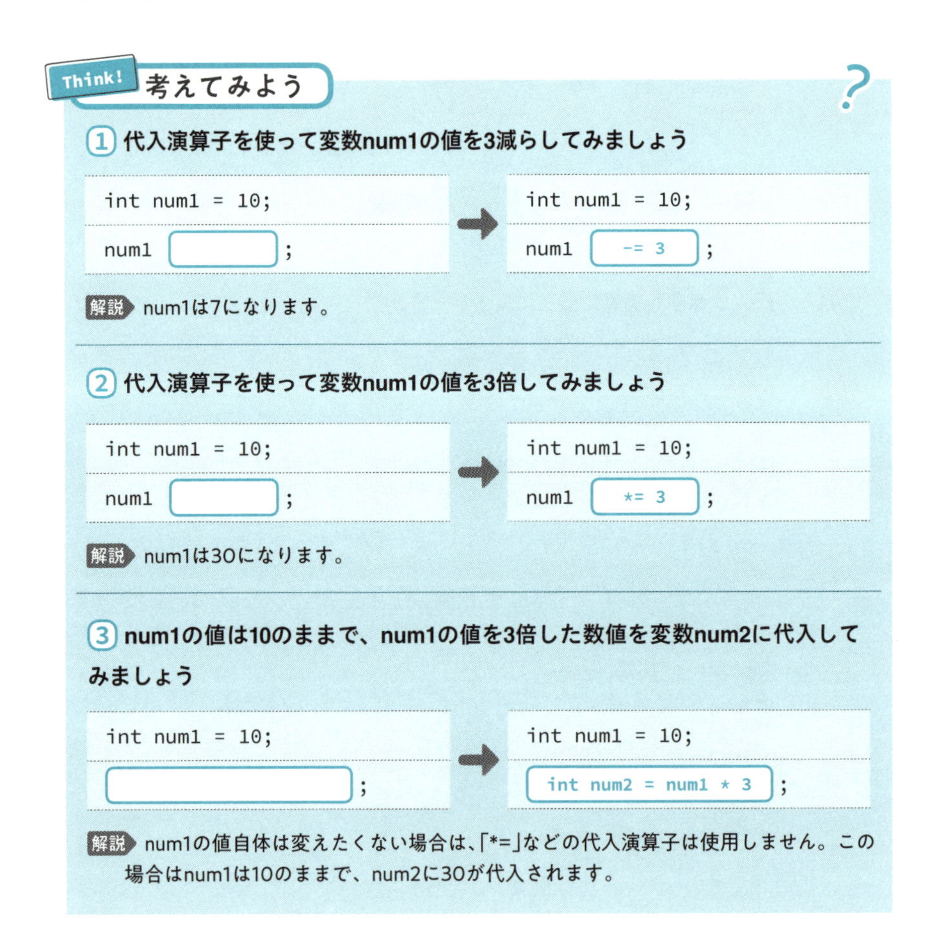

Think! 考えてみよう

① 代入演算子を使って変数num1の値を3減らしてみましょう

```
int num1 = 10;
num1 [      ];
```

→

```
int num1 = 10;
num1 -= 3;
```

解説 num1は7になります。

② 代入演算子を使って変数num1の値を3倍してみましょう

```
int num1 = 10;
num1 [      ];
```

→

```
int num1 = 10;
num1 *= 3;
```

解説 num1は30になります。

③ num1の値は10のままで、num1の値を3倍した数値を変数num2に代入してみましょう

```
int num1 = 10;
[            ];
```

→

```
int num1 = 10;
int num2 = num1 * 3;
```

解説 num1の値自体は変えたくない場合は、「*=」などの代入演算子は使用しません。この場合はnum1は10のままで、num2に30が代入されます。

04 基本データ型の概要を理解しよう

変数を使う際は、int や double といったデータ型を指定する必要があることは前述しました。ここでは、これらの基本データ型についてまとめておきましょう。

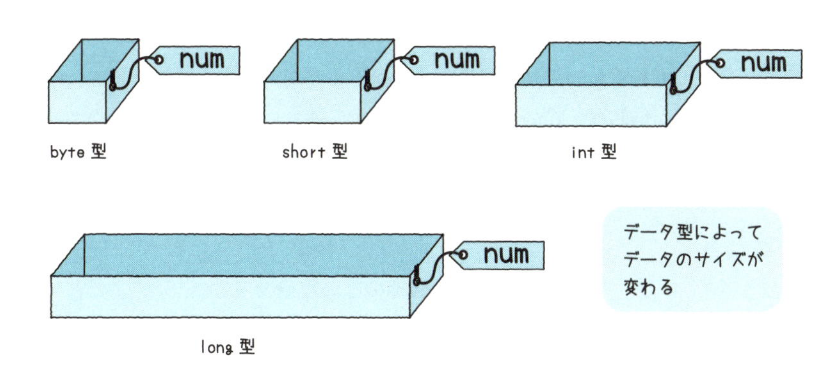

数値や文字は基本データ型

「Javaはオブジェクト指向言語」(P18) でも触れたように、Javaはオブジェクト指向言語に分類される言語です。ただし、**すべてのデータをオブジェクトとして扱うわけではありません。**ここまでで使用したint(整数)やdouble(浮動小数点数)のデータは、オブジェクトではなく「**基本データ型**」として扱われます。

基本データ型は、数値のほかに、文字を格納するchar型、true (真) またはfalse (偽) のどちらかの値をとるboolean型があります。

では、オブジェクト型と基本データ型の違いはなんでしょう？　**オブジェクト型はメソッドやフィールド** (P19) **をもっていますが、基本データ型は数値などの値そのものを表す**イメージでとらえておきましょう。

オブジェクト型

- メソッド(処理)をもつ
- フィールド(データ)をもつ

基本データ型

- 特定の種類とサイズの値をもつ

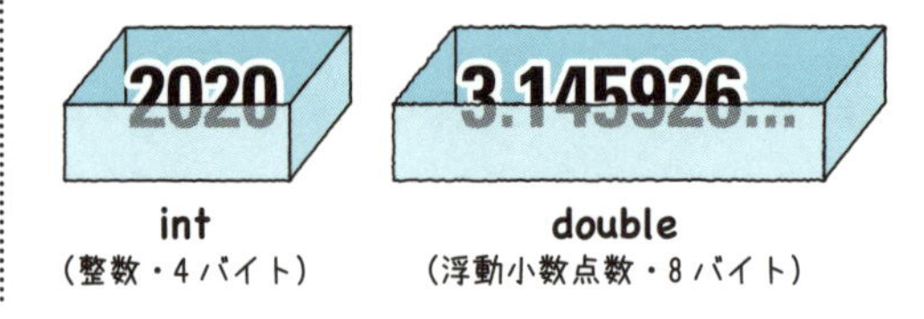

変数を宣言する際、この**データ型を指定したうえで宣言しなくてはなりません。**これは、変数にどれくらいのサイズのデータが入るかをあらかじめ決めておく必要があるためです。いわば、箱のサイズの指定です。それでは、Javaのデータ型を見ていきましょう。

整数型

整数とは0、1、2、3といったように**小数部のない数値**です。-1、-2のような**マイナスの値も含みます。**ここまでは、整数を使用するデータ型としてint型を使用してきました。

実は、Javaでは扱える値の範囲に応じて、次表に示す**4つの整数型**が用意されています。これまで使用してきたint型は4バイト（32ビット）です。1バイト（8ビット）で整数を表すbyte型もあり、byte型は-128～127の範囲の値しか扱えません。

整数を表すデータ型

型	サイズ	範　囲
byte	1バイト(8ビット)	-128～127
short	2バイト(16ビット)	-32,768～32,767
int	4バイト(32ビット)	-2,147,483,648～2,147,483,647
long	8バイト(64ビット)	-9,223,372,036,854,775,808～9,223,372,036,854,775,807

「これなら、いつでもlong型を使えばよいのでは？」と思うかもしれませんが、不要な場合にlong型を使うと、コンピューターのメモリーを無駄に浪費し、動作速度も遅くなります。**通常はint型で使い、20億以上の大きな値を扱うときにはlong型を使う**と覚えておくとよいでしょう。

byte型とshort型は、Javaにおいてはint型と実行速度や処理効率に差がなく、内部処理においてもいったんint型に変換して処理されることから、一般的にほとんど使われません。

なお、整数値をそのまま値として記述した場合は、Javaでは自動的にint型とみなされます。int型の範囲を超えるlong型の整数値を記述する場合は、末尾に「L」か「l」(大文字または小文字のエル)を記述します。

```
long num = 4000000000l
```
末尾に「l」を書かないとエラーになる

Think! 考えてみよう

① 変数totalを適切なデータ型で宣言し、「2147483648」を代入しましょう

```
;
```

↓

```
long total = 2147483648l ;
```

解説 2147483648はint型の範囲を超えているため、long型で宣言する必要があります。

浮動小数点数型

3.14のような小数部を含む値は、コンピューターでは**浮動小数点数と呼ばれる形式で保存されています**。扱える値の大きさに応じて次の2種類のデータ型が用意されています。

浮動小数型点数を表すデータ型

型	サイズ	説 明	範 囲
float	4バイト(32ビット)	単精度浮動小数点数	約±3.4×10^{38}～約±1.4×10^{-45}
double	8バイト(64ビット)	倍精度浮動小数点数	約±1.8×10^{308}～約±4.9×10^{-324}

doubleとfloatの違いには、**整数型のような数字の大小だけでなく精度が関係します**。たとえば123.456789012345は、数字の大きさとしては整数型のbyteの範囲である-128～127に入りますが、実際にこの数字を記憶するときは15個の数字と小数点の位置を記録する領域が必要です。浮動小数点の仕組みについてはP93のコラムで紹介しますが、大まかにいうと**floatの精度は有効桁数が7桁程度、doubleの精度の有効桁数は15桁程度**となります。

「3.14」のように小数点を持つ数値を直接記述した場合、Javaでは自動的にdouble型とみなされます。float型の精度ですむ場合は最後に「f」を記述します。

```
float f1 = 9.5f;
```

ただし、実際にはfloat型はほとんど使われないので、**基本的に小数を扱うときはdouble型を使う**と覚えておけばよいでしょう。

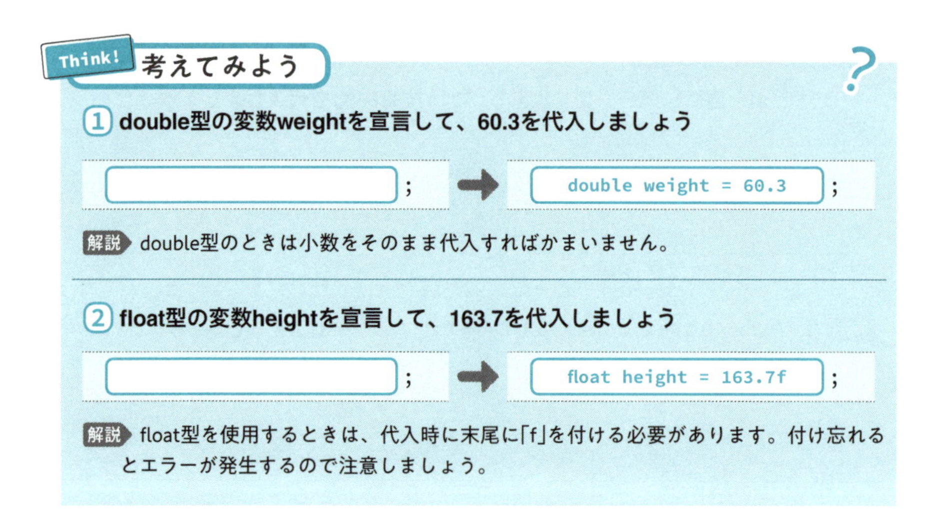

●char型●

char型は**ひとつの文字を格納するデータ型**です。個々の文字は、Javaの内部でUnicodeのUTF-16と呼ばれる形式で格納されます。

char 型

型	サイズ	データ
char	2バイト(16ビット)	任意の1文字

char型は1文字だけを管理するデータ型です。それでは"こんにちは"のような文字列はどうするのでしょう？　実は、**ひとつの文字を扱うchar型と、複数の文字をまとめて扱う文字列ではデータ型が異なります。**Javaでは文字列を基本データ型ではなく、Stringクラスのオブジェクトとして扱います（文字列の基本操作についてはP108で解説します）。

COLUMN

浮動小数点数について

ちょっと専門的になりますが、興味のある方のために浮動小数点数の仕組みについて基本を説明しておきましょう。

浮動小数点形式は次のような形式で表されます。

```
a × 10^b
```

aを「仮数」と呼び、bを「指数」と呼びます。「^」はべき乗を表します。仮数はどのくらいの精度で表すのかを指定するもの、指数は小数点の位置を指定するもの、といったイメージでとらえてください。たとえば、「123.456789」は「1.23456789 × 10^2」となりますし、小数点第3位以下を丸めて「123.46」という精度でよければ「1.2346 × 10^2」となります。

なぜこのような書き方をするのかというと、小数点を持つ数値を整数部分と小数部分で別々に保存しようとすると、必要な領域がどんどん増えてしまうからです。仮に「xxxx.yyyy」のように整数部分、小数部分ともに4桁の領域に格納しようとすると、10,000以上の数値は扱えなくなりますし、小数点以下5桁以降も表せません。そこで、より大きな数値、より細かな数値を効率よく表すために浮動小数点形式を用いるわけです。

なお、浮動小数点数の仕組みをわかりやすく説明するため、上記では10進数を用いて説明していますが、Javaの実際の内部処理では2進数で扱われており、「10」の部分にも「2」が使われます(a × 2^b)。そのため、10進数で見るとシンプルな小数であっても、2進数で正確に表せないときは近似値となり誤差が生じます。次の例を見てみましょう。

```
double num1 = 0.7;
double num2 = 0.2;
System.out.println(num1 + num2 + 0.1);
```

①で変数num1の値「0.7」とnum2の値「0.2」に「0.1」を足していますので、算数なら結果は1.0になるはずです。しかし、実際にプログラムを実行してみると、次のようになり、1.0よりわずかに小さい値が表示されます。これを「丸め誤差」といいます。

```
0.9999999999999999
```

文字を記述する場合には、文字をシングルクォーテーション「'」で囲みます。**これまで扱った文字列のようにダブルクォーテーション「"」ではない**ことに注意しましょう。

たとえば、char型の変数c1を宣言してアルファベットの「A」を代入するには次のようにします。

```
char c1 = 'A';
```

日本語も扱えます。char型の変数c2を宣言して「月」を代入するには次のようにします。

```
char c2 = '月';
```

Think! **考えてみよう**

① char型の変数labelを宣言し、3を代入してみましょう

解説 char型で扱えるのはひとつの文字です。この例では3という整数ではなく、「3」という文字を代入していることに注意しましょう。また、'32'と2文字にするとエラーが発生します。

boolean型

boolean型は、**「true」または「false」のどちらかの値をとるデータ型**です。boolean型の値は真偽値とも呼ばれ、おもに**ある条件が正しいか、正しくないかなどを調べるとき**に使用されます。

boolean 型

型	サイズ	データ
boolean	1バイト(8ビット)	trueまたはfalse

boolean型の変数isTrueを宣言して、値として「true」を代入するには次のようにします。

```
boolean isTrue = true;
```

Think! 考えてみよう

① boolean型の変数hasImageを宣言してfalseを代入してみましょう

[　　　　　　] ; → boolean hasImage = false ;

解説 boolean型変数の名前には、明確に「true」か「false」で答えられるものを付けるのが望ましいでしょう。たとえば「is~」(~かどうか)や「has~」(~があるかどうか)などがよく見られる例です。

Chapter 3

COLUMN

値を直接記述するリテラル

プログラム内に記述した値そのものを「リテラル」といいます。日本語では「直定数」と呼ばれます。次の例を見てみましょう。

```
int num = 15;
```

「=」の左辺のnumは変数名ですが、右辺の「15」は値そのものです。これがリテラルです。

リテラルは表記によって値が異なります。たとえば、整数の場合には「15」のようにそのまま記述すると10進数とみなされますが、最初に「0x」を記述すると16進数とみなされます。

```
int num1 = 0xFF;
```
10進数で255

浮動小数点数のリテラルの場合、数学の時間にならった「E」を使用して10の何乗であるかを表す、いわゆる指数表現が使用できます。

```
double d5 =1.1E23;
```
1.1×10の23乗

なお、Javaでは文字列を表記するのにダブルクォーテーション「"」で囲むことはこれまで何度も出てきましたが、これは文字列のリテラル形式が「"文字列"」であるためです。

データ型を変換するキャスト

intやdoubleなど、Javaには、数値を扱うさまざまな基本データ型が用意されていますが、それらを混在させて計算を行う場合には、**必要に応じてデータ型を変換しなければなりません**。そのデータ型の変換のことを「**キャスト**」(型変換)といいます。

●自動で行われるキャスト●

Javaでは、**数値の精度が保たれる場合にはキャストが自動で行われます**。これを「暗黙のキャスト」などといいます。次の図では、右から左にいくにつれ、扱える値の領域が広くなっていきます。この方向は暗黙のキャストが行われます。

たとえばbyte型の値をint型の変数に代入したり、int型の値をdouble型の変数に代入する場合です。その例を示しましょう。

Cast1.java(mainメソッド部分)

```
public static void main(String[] args){
    byte b1 = 10; ①
    int i1 = 2; ②
    int i2 = 5; ③
    double d1 = 5.5; ④
    i1 = b1; ⑤
    d1 = i2; ⑥
    System.out.println("i1: " + i1); ⑦
    System.out.println("d1: " + d1); ⑧
}
```

①でbyte型の変数b1を、②でint型の変数i1を、③でint型の変数i2を、④でdouble型の変数d1を宣言し、適当な値を代入しています。

⑤でbyte型の変数b1をint型の変数i1に、⑥でint型の変数i2をdouble型の変数d1に代入しています。

⑦⑧では、System.out.println(～)を使用して変数i1の値と、変数d1の値を表示しています。

この場合、P96の図の矢印の方向への代入となり、値の精度が落ちません。

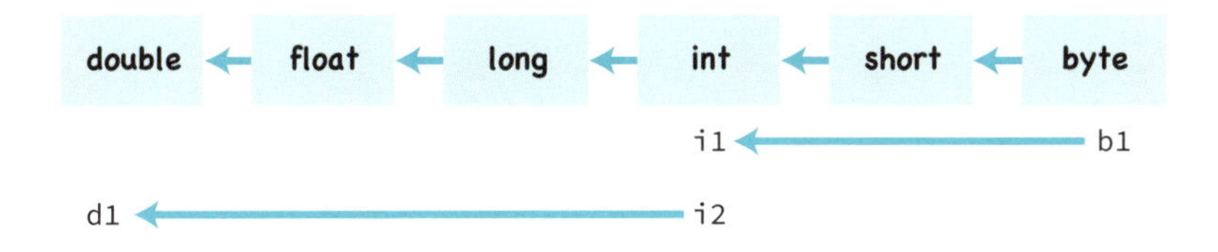

そのため、**暗黙のキャストが自動的に行われます**。実行すると次のように表示されます。

実行結果

```
i1: 10
d1: 5.0
```

⑦の結果
⑧の結果

なお、⑦では+演算子を使用して文字列「"i1: "」と変数i1の値(数値)を連結している点にも注目してください。+演算子で文字列と数値を連結すると文字列になります。

```
System.out.println("i1: " + i1);
```

文字列　数値

"i1: 10"

同様に、⑧では、文字列「"d1: "」と変数d1の値(数値)を連結して文字列にしています。

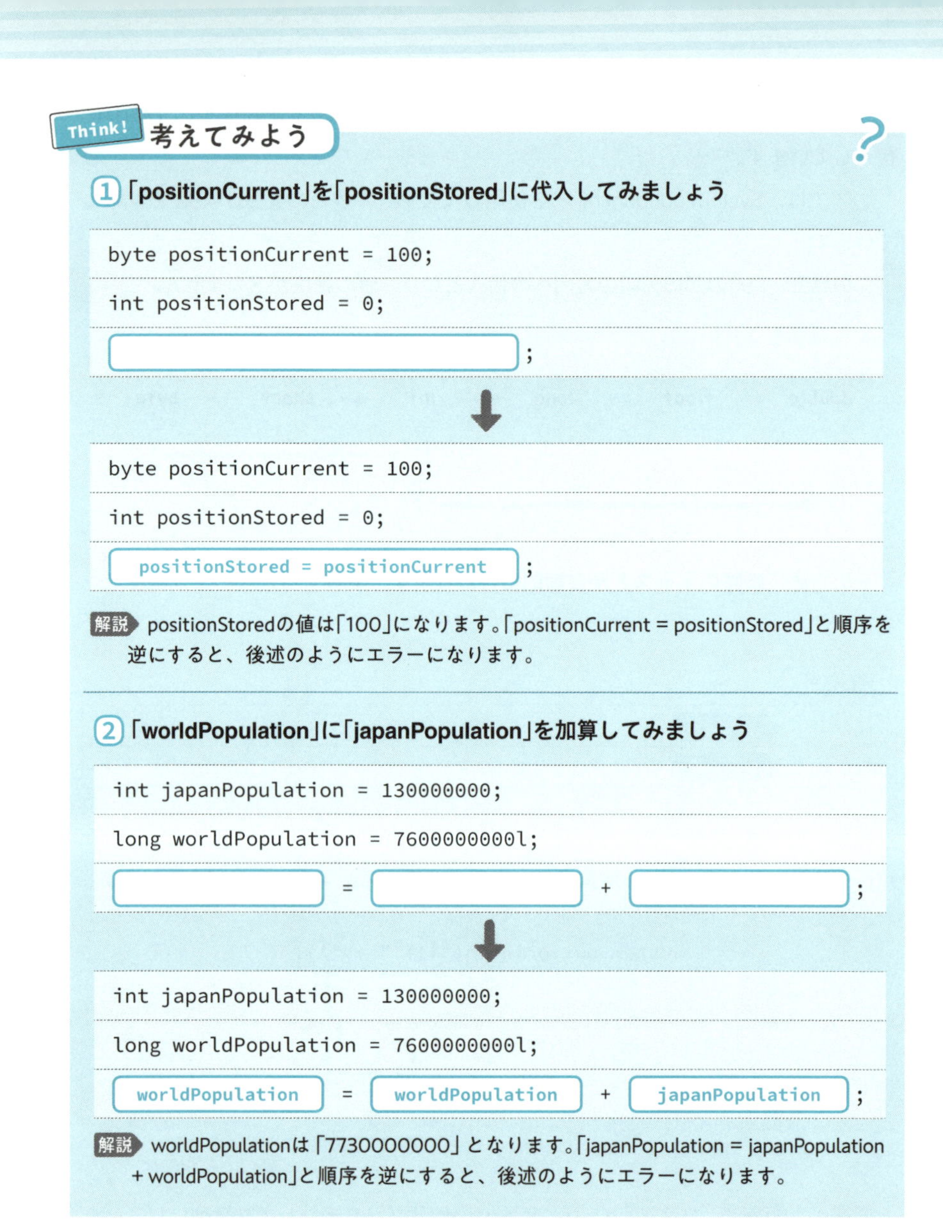

Think! 考えてみよう

①「positionCurrent」を「positionStored」に代入してみましょう

```
byte positionCurrent = 100;
int positionStored = 0;
[                        ];
```

↓

```
byte positionCurrent = 100;
int positionStored = 0;
positionStored = positionCurrent;
```

解説 positionStoredの値は「100」になります。「positionCurrent = positionStored」と順序を逆にすると、後述のようにエラーになります。

②「worldPopulation」に「japanPopulation」を加算してみましょう

```
int japanPopulation = 130000000;
long worldPopulation = 7600000000l;
[          ] = [          ] + [          ];
```

↓

```
int japanPopulation = 130000000;
long worldPopulation = 7600000000l;
worldPopulation = worldPopulation + japanPopulation;
```

解説 worldPopulationは「7730000000」となります。「japanPopulation = japanPopulation + worldPopulation」と順序を逆にすると、後述のようにエラーになります。

●自動でキャストが行われない場合●

データ型が変換される際に精度が保たれない場合には、**暗黙のキャストは行われずにエラーとなります**。次の例を見てみましょう。

Cast2.java(mainメソッド部分)

```
public static void main(String[] args){
    byte b1 = 10; ①
    int i1 = 2; ②
    int i2 = 5; ③
    double d1 = 5.5; ④
    b1 = i1; ⑤
    i2 = d1; ⑥
    System.out.println("b1: " + b1); ⑦
    System.out.println("i2: " + i2); ⑧
}
```

①〜④までの部分はCast1.javaと同じです。今度は⑤でint型の変数i1をbyte型の変数b1に、⑥でdouble型の変数d1をint型の変数i2に代入しています。⑦⑧で変数b1と変数i2を表示しています。

この場合、P96の図の矢印の逆方向への代入となります。

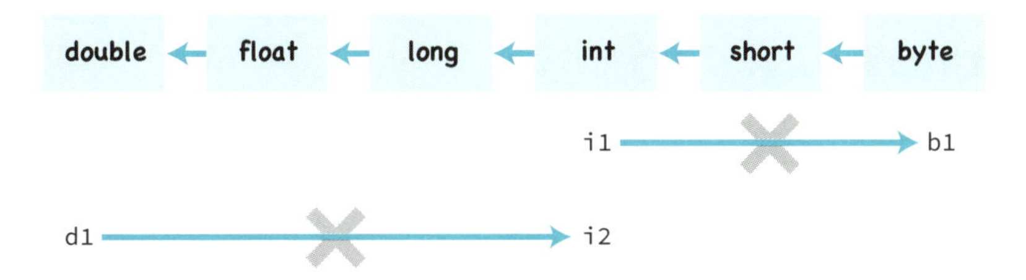

したがって、暗黙のキャストは行われずエラーとなり実行できません。

Think! 考えてみよう

① 先ほどの例(Cast2.java)を正しく動作するように直してみましょう

```
[      ] b1 = 10;
int i1 = 2;
b1 = i1;
```

```
int b1 = 10;
int i1 = 2;
b1 = i1;
```

解説 データサイズの小さい型に、データサイズの大きい型を代入することはできません。この場合、byte型のb1にあとで代入される値は2なので、byte型の範囲に収まる数値ですが、int型は4バイトであるため、1バイトであるbyte型のサイズを超えてしまってエラーになります。データ型をあわせることで代入が正しく行われるようになります。

●明示的にキャストを行う●

前述のように暗黙のキャストが行われない場合は、**自分の手でキャストを行わなくてはなりません**。次のように記述します。

```
(変換後のデータ型)値
```

このようなキャストを「**明示的なキャスト**」といいます。値は変数でもかまいません。たとえば変数numの値をint型にキャストするには次のように記述します。

```
(int)num
```

前述のCast2.javaの文⑤⑥を明示的にキャストしてエラーが発生しないように修正すると、次のようになります。

Cast3.java(mainメソッド部分)

```
public static void main(String[] args){
    byte b1 = 10; ①
    int i1 = 2; ②
    int i2 = 5; ③
    double d1 = 5.5; ④
    b1 = (byte)i1; ⑤
    i2 = (int)d1; ⑥
    System.out.println("b1: " + b1); ⑦
    System.out.println("i2: " + i2); ⑧
}
```

⑤でint型の変数i1をbyte型にキャストしてbyte型の変数b1に代入しています。

⑥でdouble型の変数d1をint型にキャストしてint型の変数i2に代入しています。

これでエラーなく実行できるようになりました。

実行結果

```
b1: 2 ⑦の結果
i2: 5 ⑧の結果(小数点以下が切り捨てられる)
```

実行結果を見ると⑤「b1 = (byte)i1」、つまりint型をbyte型にキャストした例では、値が変更されることなく(精度が落ちることなく)表示されます。

しかし、⑥の「i2 = (int)d1」、つまりdouble型の変数d1の値「5.5」をint型にキャストしてint型の変数i2に代入した結果が「5」になっています。これは、**int型が整数型のために小数点以下の値が切り捨てられたからです**(四捨五入ではないことに注意しましょう)。

このように明示的なキャストを行うと、値が切り捨てられたり、精度が落ちたりしてしまう可能性があることを覚えておきましょう。

Think! 考えてみよう

① 明示的キャストをしてみましょう

```
int num1 = 10;
long num2 = 100;
num1 = [        ] num2;
```

↓

```
int num1 = 10;
long num2 = 100;
num1 = (int) num2;
```

解説 long型の変数をint型にキャストしています。このとき、long型の変数がintの扱える範囲（-2,147,483,648～2,147,483,647）を超えてしまっている場合、代入は正しく行われず意図通りに動作しません。

② 明示的キャストをしてみましょう

```
float num1 = 10.0f;
int num2 = 100;
num2 = [        ] num1;
```

↓

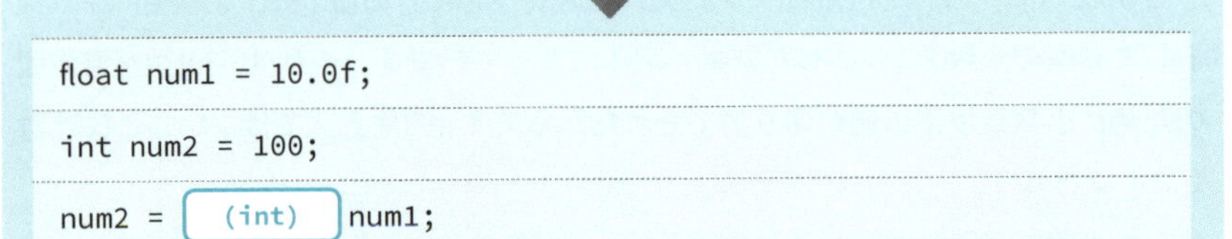

```
float num1 = 10.0f;
int num2 = 100;
num2 = (int) num1;
```

解説 浮動小数点型のfloat型を整数のint型にキャストしています。このとき、num2の内容をprintlnで表示すると「10」となり、整数になっていることがわかります。num1にnum2を代入するときは明示的なキャストは不要です。

変数にデータ型の範囲外の値を代入しないように注意

明示的にキャストを行うと、データ型の範囲外の値を代入できてしまいます。ただしその場合、**値が意図しない値となる**ので注意してください。

たとえばbyte型の値の範囲は-128から127までです。次のようにbyte型の変数b1に範囲外の値「10000」を代入するとエラーとなります。

Cast4.java(mainメソッド部分)

```
public static void main(String[] args){
    byte b1 = 10000; ①
    System.out.println("b1: " + b1);
}
```

上記の①の部分の値「10000」をbyte型に明示的にキャストしたのが次の例です。

Cast5.java(mainメソッド部分)

```
public static void main(String[] args){
    byte b1 = (byte)10000; ①
    System.out.println("b1: " + b1); ②
}
```

①で「10000」をbyte型にキャストし、変数b1に代入して、②で表示しています。実行結果を見ると**「10000」ではなく「16」になってしまった**ことが確認できます。

実行結果

```
b1: 16
```

これは、byte型の上限である127を超えると、128が-128、129が-127……256が0、257が1……383が127、384が-128というように、byte型の範囲内で値が繰り返されるためです。

Chapter 3

Think! 考えてみよう

① 明示的にキャストする際、変数b1の数値の精度が変わらない型をすべて挙げてみましょう

解説 byte型は「-128～127」であるため、「1234」は扱えません。int型、long型、float型、double型なら、数値の精度を保ったキャストが行えます。

変数の値を変更できないようにするには

プログラム内で値を変更できない変数を「**定数**」といいます。Javaでは、定数と通常の変数に明確な区別はありません。「**final**」(最終：値を変更できないという意味)という修飾子を付けて変数を宣言すると定数として扱われます。

```
final データ型 変数名;
```

定数の名前は変数と区別するため、**すべて大文字で記述する**のが一般的です。複数の単語から構成される定数名は、**単語間をアンダースコア「_」でつなぎます。**

```
BMI、 MIN_VALUE、 MAX_VALUE
```

finalを指定した変数は1度だけ値を代入できます。**代入後に変数の値を変更しようとするとエラーになります。**

```
final int LIMIT;   ← int型の定数LIMITを宣言
LIMIT = 5;         ← 値を代入
LIMIT = 4;         ← 値を変更するとエラー
```

通常の変数と同じく宣言時に初期値を設定してもOKです。

```
final int LIMIT = 5;
LIMIT = 4;         ← 値を変更するとエラー
```

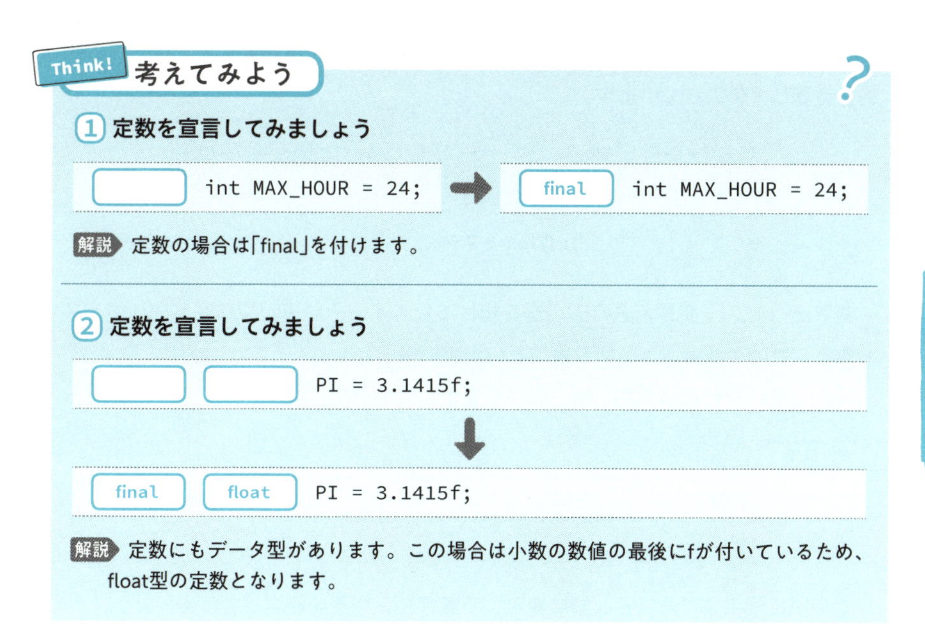

定数を使用して税込価格を計算する

最後にここまで学んだ変数・データ型・キャスト・定数の確認として、消費税率をTAX_RATEという定数で宣言し、税抜価格から税込価格を計算するプログラムを見てみましょう。

Tax.java(mainメソッド部分)

```
public static void main(String[] args){
    final double TAX_RATE = 0.1; ①
    // 税抜価格
    int price = 1050; ②
    // 税込価格
    int taxInPrice = (int)(price * (1 + TAX_RATE)); ③
    System.out.println("税抜価格: " + price + "円"); ④
    System.out.println("税込価格: " + taxInPrice + "円"); ⑤
}
```

①で消費税率をdouble型の定数として宣言し、「0.1」を代入しています。②ではint型の変数priceに税抜価格を代入しています。

③が税込価格を計算している部分です。int型の変数taxInPriceを宣言し、税込価格を計算して代入しています。

```
int taxInPrice = (int)(price * (1 + TAX_RATE));
```

int 型にキャスト

変数priceに、「1 + TAX_RATE」の値を掛けています。それをint型に明示的にキャストすることで小数点以下を切り捨てています。

④⑤でそれぞれ税抜価格と税込価格を表示しています。

実行結果

```
税抜価格: 1050円
税込価格: 1155円
```

②の税抜価格をいろいろな値に変更して実行し、結果を確認してみましょう。

Chapter 4

文字列とオブジェクトの基本操作

前のChapterでは数値などの基本データ型の操作について説明しました、Javaではそれ以外のデータはすべてオブジェクト型です。このChapterではインスタンスの生成やメソッドの実行といったオブジェクトの基本操作について説明しましょう。

01 文字列を操作してみよう

Javaでは文字列はオブジェクトとして扱います。このセクションでは、代表的なオブジェクトの例として、文字列（String）の基本操作について説明しましょう。

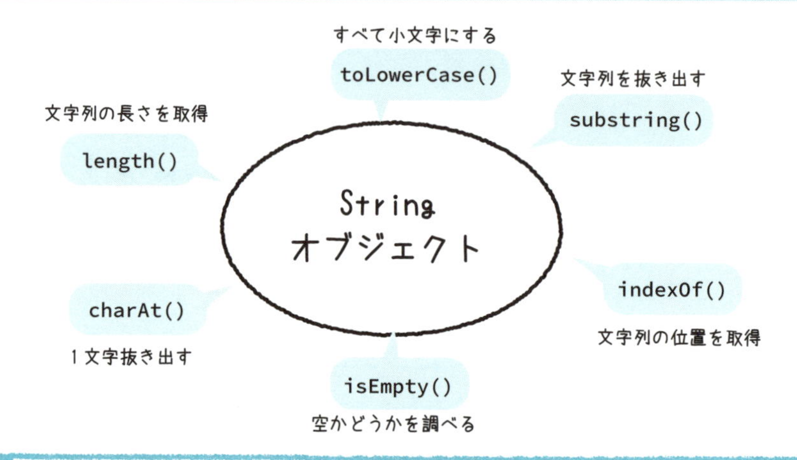

文字列はStringクラスのインスタンス

「Javaはオブジェクト指向言語」(P18) で説明したように、**クラスから生成されたオブジェクトのことをインスタンスと呼びます**。Javaでは、文字列は基本データ型ではなくオブジェクト型で、**Stringクラスのインスタンス**として扱います。

文字列のようなオブジェクト型の変数を宣言するには、宣言文のデータ型部分にJavaに用意されているクラス名を記述して次のようにします。

```
クラス名 変数名;
```

文字列のリテラル(P95参照)は、**ダブルクォーテーション「"」で囲んで記述します。** こうすることでStringクラスのインスタンスが生成されるわけです。Stringクラスの変数myStrを宣言し、"こんにちは"を代入するには次のようにします。

```
String myStr;
myStr = "こんにちは";
```

基本データ型と同様に、宣言と値の代入を1行で記述することもできます。

```
String myStr = "こんにちは";
```

Think! 考えてみよう

① Stringクラスの変数strを宣言してみましょう

```
[          ]; → [String str];
```

② 変数strの宣言時に「おはようございます」を代入してみましょう

```
[                    ];
↓
[String str = "おはようございます"];
```

解説 基本データ型と違い、オブジェクト型ではクラス名を記述するので、先頭が大文字になります(P80)。

Chapter 4

● +演算子で変数内の文字列を連結する ●

+演算子を文字列どうしに使用すると文字列を連結できることは、「文字列に『+』を使うと連結できる」(P66)で説明しました。

```
"こんにちは" + "Java" → "こんにちはJava"
```

+演算子は、上記のようなダブルクォーテーション「"」で囲った文字列だけでなく、**変数に代入した文字列に対しても使用できます。**

StrPlus.java(mainメソッド部分)

```
public static void main(String[] args){
    String s1 = "こんにちは";①
    String s2 = "Java";②
    String s3 = s1 + s2;③
    System.out.println(s3);④
    System.out.println("ようこそ" + s2);⑤
}
```

①で変数s1に"こんにちは"、②で変数s2に"Java"を代入し、③でそれらを連結して変数s3に代入、④で表示しています。⑤では、"ようこそ"という文字列と変数s2を連結して表示しています。

実行結果

```
こんにちはJava
ようこそJava
```

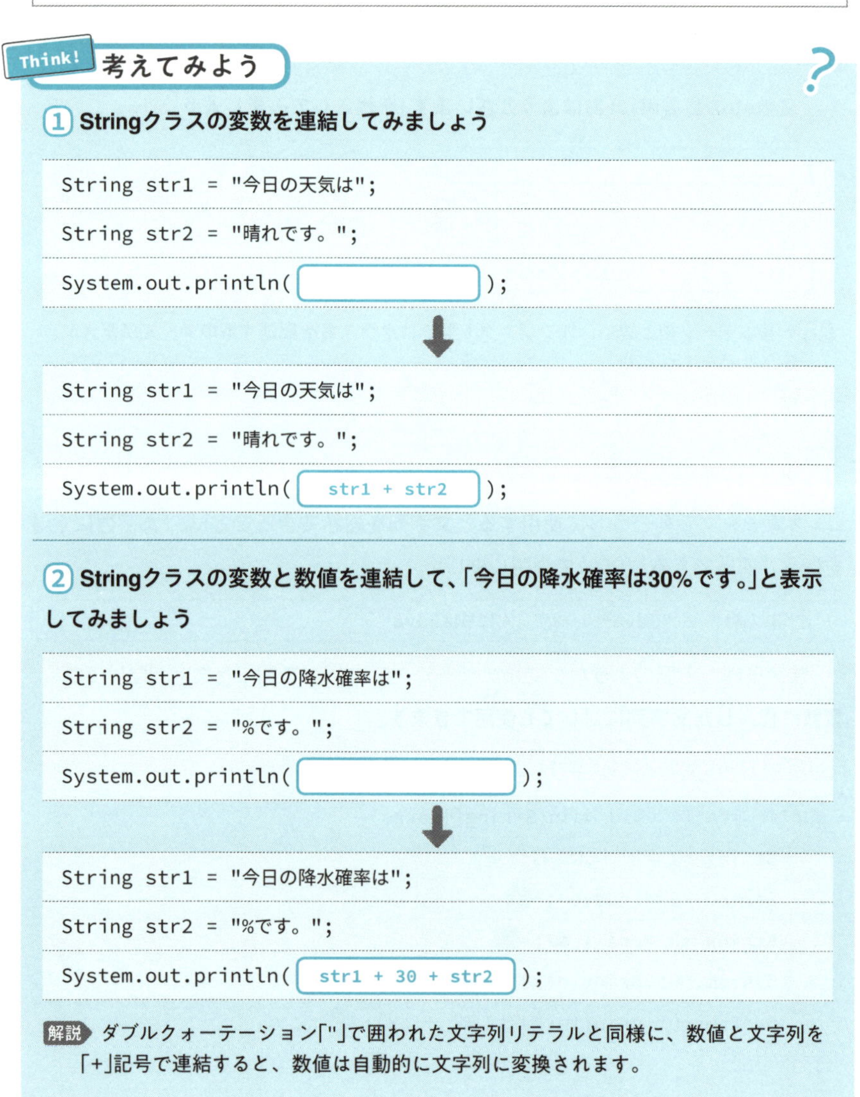

Think! 考えてみよう

① Stringクラスの変数を連結してみましょう

```
String str1 = "今日の天気は";
String str2 = "晴れです。";
System.out.println(          );
```

↓

```
String str1 = "今日の天気は";
String str2 = "晴れです。";
System.out.println( str1 + str2 );
```

② Stringクラスの変数と数値を連結して、「今日の降水確率は30%です。」と表示してみましょう

```
String str1 = "今日の降水確率は";
String str2 = "%です。";
System.out.println(          );
```

↓

```
String str1 = "今日の降水確率は";
String str2 = "%です。";
System.out.println( str1 + 30 + str2 );
```

解説 ダブルクォーテーション「"」で囲われた文字列リテラルと同様に、数値と文字列を「+」記号で連結すると、数値は自動的に文字列に変換されます。

new演算子でインスタンスを生成する

さて、文字列の場合、ダブルクォーテーション「"」で囲んでリテラルとして記述することでインスタンスが生成されました。そのように生成できるのは文字列だけで、**たいていのオブジェクトは「new演算子」という演算子、もしくはインスタンスを生成するメソッドにより、インスタンスが生成されます。**

実は、文字列、つまりStringクラスのインスタンスもnew演算子を次のように使用することで生成できます。

new演算子の後ろの「String("こんにちは")」は「**コンストラクタ**」と呼ばれるものです。コンストラクタは**インスタンスを生成するための特別なメソッドで、メソッド名はクラス名と同じ**です。したがって、Stringクラスのコンストラクタは「String」となり、引数にはダブルクォーテーション「"」で囲った文字列を渡します。

まとめると、**Stringクラスのインスタンスの生成には次の2つの方法があります。**

方法① "文字列"のリテラル形式で記述する

```
String 変数名 = "文字列";
```

方法② new演算子とStringコンストラクタで生成する

```
String 変数名 = new String("文字列");
```

なお、単に文字列を格納した変数を用意したいだけなら、方法①で"文字列"を変数に代入する方法でかまいません。

Think! 考えてみよう

① **new演算子で「String」クラスのインスタンスを生成してみましょう**

```
String str = [    ] String("こんにちは");
```

↓

```
String str = new String("こんにちは");
```

メソッドを実行してみよう

文字列はオブジェクト型ですので、**用意されているメソッドを実行できます**。たとえば文字列の文字数を調べたり、文字列の中から文字列を抽出したりといったことがメソッドで行えます。

メソッドを実行する書式は次のようになります。

```
変数名.メソッド(引数1, 引数2, ...)
```

インスタンスを格納した変数名とメソッドをピリオド「.」で接続し、「( )」内に引数を記述します。引数が複数指定できる場合は、カンマ「,」で区切ります。

メソッドによっては結果を値として返します。その値のことを**戻り値**といいます。つまり、**メソッドは何らかの値を引数として受け取り、結果を戻り値として戻します**。

メソッドの引数と戻り値

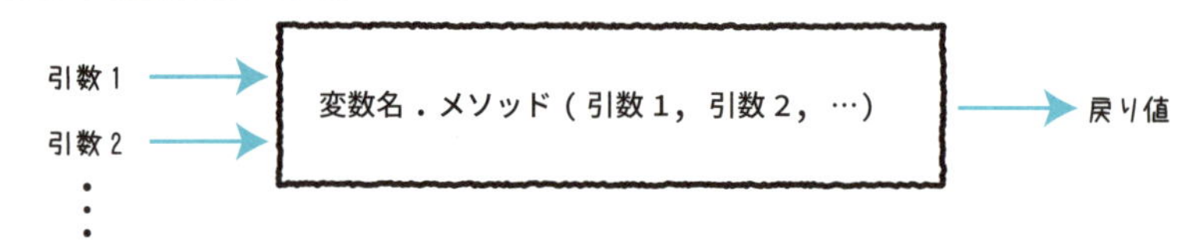

メソッドによってどのような引数をいくつ取るか、どのような戻り値を戻すかは異なります。引数のないメソッド、戻り値のないメソッドもあります。これまで何度も使用してきたSystem.out.println(～)のprintlnメソッドは引数を1つ受け取り、それを画面に表示します。戻り値はありません。

●文字列の長さを調べるlengthメソッド●

さて、ここからStringクラスの基本的なメソッドを例に、メソッドの実行方法について見ていきましょう。

文字列の長さを調べるにはlengthメソッドを使用します。lengthメソッドは引数をとりません、戻り値として文字列の文字数を数値で戻します。次の例を見てみましょう。

Length.java(mainメソッド部分)

```
public static void main(String[] args){
    String s1 = "こんにちは"; ①
    int len = s1.length(); ②
    System.out.println("s1の長さ: " + len); ③
}
```

①で変数s1に"こんにちは"を代入し、②で変数s1に対してlengthメソッドを実行して、結果(文字数)を戻り値として変数lenに代入しています。

```
int len = s1.length();
```

③でSystem.out.println(〜)文で変数lenの値を表示しています。

実行結果

```
s1の長さ: 5
```

Think! 考えてみよう

① 文字列の長さを表示してみましょう

```
String str = "今日の天気は晴れです。";
int len = str.length();
System.out.println("strの長さ: " + [    ]);
```

↓

```
String str = "今日の天気は晴れです。";
int len = str.length();
System.out.println("strの長さ: " + len);
```

② 文字列の長さを表示してみましょう

```
String str = new String("今日の天気は雨です。");
int len = str.length();
System.out.println("strの長さ: " + [      ]);
```

↓

```
String str = new String("今日の天気は雨です。");
int len = str.length();
System.out.println("strの長さ: " + len);
```

解説 代入を使った場合でも、new演算子を使った場合でも、lengthメソッドを使うことで文字列の長さが取得できます。

●文字列から文字を取り出す●

続いて、引数を受け取るメソッドの例として、**文字列から指定した位置の1文字を取り出すcharAtメソッド**を紹介しましょう。charAtメソッドは、引数として文字の位置を指定します。文字の位置は先頭の文字を0として指定します。

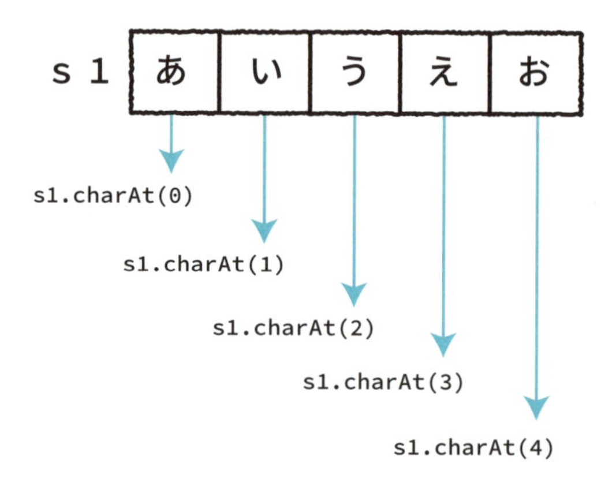

charAtメソッドの戻り値はchar型になります。まとめると次のようになります。

charAt メソッド

メソッド	戻り値	説明
charAt(int型)	char	引数で指定した位置の文字を取り出す

では、charAtメソッドを使用して、**文字列の最初の文字と最後の文字を取り出す**例を見てみましょう。

CharAt.java(main メソッド部分)

```
public static void main(String[] args){
    String s1 = "こんにちはJava"; ①
    char c1 = s1.charAt(0); ②
    System.out.println("最初の文字: " + c1);
    int len = s1.length();
    char c2 = s1.charAt(len - 1); ③
    System.out.println("最後の文字: " + c2);
}
```

①で変数s1に"こんにちはJava"を代入しています。②のように**最初の文字はcharAtメソッドの引数に「0」を渡すことで取得**しています。

```
char c1 = s1.charAt(0); 最初の文字を取り出す
```

最後の文字は、引数に直接数値で「8」と指定してもいいですが、③のように**lengthメソッドで文字列の長さを求め、そこから1を引く形でも最後の文字を指定できます**。こうすることで、どのような長さの文字列でも最後の文字を取り出せます。

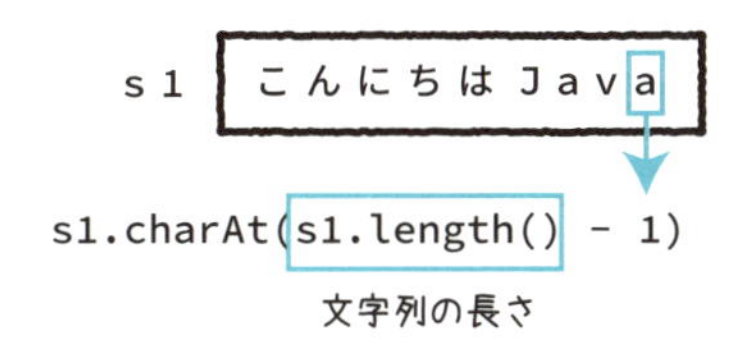

このとき、先頭の文字の位置を「0」とするため、charAtメソッドの引数は文字列の長さ「s1.length()」ではなく、そこから1を引いている点に注目してください。

実行結果

最初の文字: こ
最後の文字: a

Think! 考えてみよう

① Stringクラスの変数「str」の3文字目の文字を表示してみましょう

```
String str = "今日の天気は晴れです。";
char c1 = str.charAt(      );
System.out.println("3番目の文字: " + c1);
```

↓

```
String str = "今日の天気は晴れです。";
char c1 = str.charAt(  2  );
System.out.println("3番目の文字: " + c1);
```

② Stringクラスの変数「str」の末尾から3文字目の文字を表示してみましょう

```
String str = "今日の天気は晴れです。";
int len = str.length();
char c1 = str.charAt(          );
System.out.println("末尾から3番目の文字: " + c1);
```

```
String str = "今日の天気は晴れです。";
int len = str.length();
char c1 = str.charAt(  len - 3  );
System.out.println("末尾から3番目の文字: " + c1);
```

解説 charAtメソッドに渡す引数の値は、変数strの文字列数を超える値を指定しないようにしましょう。

文字列から指定した範囲の文字列を取り出す

charAtメソッドは引数が1つだけでしたが、次に、複数の引数を取るメソッドを紹介しましょう。**文字列から指定した範囲の文字列を取り出すには、substringメソッドを使用**します。

substring メソッドの書式

メソッド	戻り値	説明
substring(int型a, int型b)	String型	引数aの位置から引数bの位置までの文字列を取得する

最初の引数aの開始位置は先頭を「0」とした値を指定し、**2番目の引数bの終了位置は、抜き出す最後の文字の次の文字の位置を指定**します。このように引数が複数ある場合にはカンマ「,」で区切って指定します。

たとえば、"0123456789"という文字列から"345"を取り出したい場合には、最初の引数で「3」を、2番目の引数で「6」を指定します。

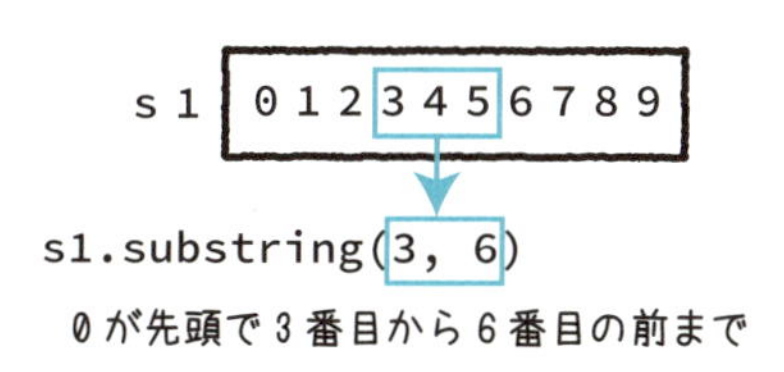

コードの例を見てみましょう。

Substring1.java(main メソッド部分)

```
public static void main(String[] args){
    String s1 = "0123456789";
    String s2 = s1.substring(3, 6);
    System.out.println(s2);
}
```

実行結果

```
345
```

Chapter 4

Think! 考えてみよう

① Stringクラスの変数「str1」から「くもり」のみを取り出してみましょう

```
String str1 = "今日の天気はくもりです。";
String str2 = str1.substring(        );
System.out.println(str2);
```

↓

```
String str1 = "今日の天気はくもりです。";
String str2 = str1.substring( 6, 9 );
System.out.println(str2);
```

解説 charAtメソッドと同様に、substringメソッドに渡す引数の値は、変数strの文字数を超える値を指定しないようにしましょう。

② Stringクラスの変数「str1」の末尾から3文字分の文字列を取り出してみましょう

```
String str1 = "今日の天気はくもりです。";
int len = str1.length();
String str2 = str1.substring(        );
System.out.println(str2);
```

↓

```
String str1 = "今日の天気はくもりです。";
int len = str1.length();
String str2 = str1.substring( len - 3, len );
System.out.println(str2);
```

解説 lengthメソッドで取得できる文字列の長さを基準にすることで、文字列の内容が変わってもsubstringメソッドの引数を変更することなく、末尾から3文字分を取り出すことができます。

●メソッドのオーバーロードについて●

Javaは、メソッドの引数の数やデータ型に厳格な言語です。たとえば、charAtメソッドはint型の引数を1つだけ取ります。これを、**次のようにint型の引数を2つ指定するエラー**になります。

```
String s1 = "こんにちはJava";
char c1 = s1.charAt(3, 4);  ← 引数を2つ指定するとエラー
```

また、引数にdouble型の値を1つ指定してもエラーになります。

```
char c1 = s1.charAt(3.0);  ← double型の値を引数にするとエラー
```

それに対して、substringメソッドは2番目の引数を省略して実行できます。

Substring2.java(main メソッド部分)

```
String s1 = "0123456789";
String s2 = s1.substring(3);  ← 1
System.out.println(s2);
```

①で引数を1つだけ指定してsubstringメソッドを実行しています。その場合、最初の引数で指定した位置から文字列の最後までが取り出されます。

実行結果

```
3456789  ← 文字列が最後まで取り出される
```

なぜこのようなことが可能かというと、substringメソッドは次の2つの書式が定義されているのです。

引数 1 つの substring メソッド

```
String substring(int beginIndex, int endIndex)
```

引数 2 つの substring メソッド

```
String substring(int beginIndex)
```

このように同じ名前のメソッドを、異なる引数で定義することをメソッドの「オーバーロード」といいます。詳しくはP288で改めて解説します。

Think! 考えてみよう

① substringメソッドの引数2つで、「くもりです。」の文字列を取り出してみましょう

```
String str1 = "今日の天気はくもりです。";
int len = str1.length();
String str2 = str1.substring(        );
System.out.println(str2);
```

↓

```
String str1 = "今日の天気はくもりです。";
int len = str1.length();
String str2 = str1.substring( 6, len );
System.out.println(str2);
```

解説 「くもりです。」は7文字目から末尾までなので、引数に「6」と「len」(文字数)を指定しています。

---

② substringメソッドの引数1つで、「くもりです。」の文字列を取り出してみましょう

```
String str1 = "今日の天気はくもりです。";
String str2 = str1.substring(      );
System.out.println(str2);
```

↓

```
String str1 = "今日の天気はくもりです。";
String str2 = str1.substring( 6 );
System.out.println(str2);
```

解説 引数が1つの場合は、取り出す開始位置だけを指定すればいいので、「6」だけの指定ですみます。ただし「くもりです」のように末尾の「。」までは取り出さない場合は、引数が2つ必要です。

Stringクラスのそのほかのメソッドについて

Stringクラスには、ほかにも数多くのメソッドが用意されています。その一例を次に示します。

String クラスのメソッドの例

メソッド	戻り値	説明
indexOf(String型)	int型	指定した文字列が最初に見つかった位置を返す
replace(char型a, char型b)	String型	引数aで指定した文字を引数bで指定した文字に置換した文字列を返す
compareTo(String型)	int型	引数で指定した文字列と比較し、辞書順で後になる場合に負の値を、前になる場合は正の値を返す（同じ場合は「0」）
isEmpty()	boolean型	長さが0の場合にtrueを返す
toLowerCase()	String型	すべて小文字に変換した文字列を返す
toUpperCase()	String型	すべて大文字に変換した文字列を返す

Chapter 4

Think! 考えてみよう

① 表の中から実行結果が「3」になるメソッドを入れてみましょう

```
String str1 = "今日の天気は晴れです。";
int pos = str1.[          ]("天気");
System.out.println(pos); // 「3」と表示
```

```
String str1 = "今日の天気は晴れです。";
int pos = str1.[ indexOf ]("天気");
System.out.println(pos); // 「3」と表示
```

解説 戻り値がint型なので、当てはまるのはindexOfか、compareToです。詳細は後述しますが、compareToを使用した場合の実行結果は「-2655」となります。indexOfメソッドで取得できる位置は、先頭の文字が0番目となります。

② 表の中から実行結果が「今日の天気も晴れです。」になるメソッドを入れてみましょう

```
String str1 = "今日の天気は晴れです。";
String str2 = str1.[          ]('は', 'も');
System.out.println(str2); // 「今日の天気も晴れです。」と表示
```

↓

```
String str1 = "今日の天気は晴れです。";
String str2 = str1.[ replace ]('は', 'も');
System.out.println(str2); // 「今日の天気も晴れです。」と表示
```

解説 戻り値がString型になるので、replaceかtoLowerCase、toUpperCaseのどれかです。このうち、引数を2つ指定するのはreplaceメソッドで、「は」を「も」に置換しています。

③ compareToメソッドの実行結果が0になるようにしましょう

```
String str1 = "今日の天気は晴れです。";
String str2 = "[          ]";
System.out.println(str1.compareTo(str2)); // 「0」と表示
```

```
String str1 = "今日の天気は晴れです。";
String str2 = "[ 今日の天気は晴れです。 ]";
System.out.println(str1.compareTo(str2)); // 「0」と表示
```

解説 compareToメソッドは、文字列が引数と一致した場合に0を返します。引数で指定した文字列が辞書順で後になる場合に、負の値を返します。逆に辞書順で前になる場合は正の値を返します。

④ 表の中から実行結果が「false」と表示されるメソッド入れてみましょう

```
String str1 = "今日の天気は晴れです。";
System.out.println(str1.[          ]()); // 「false」と表示
```

↓

```
String str1 = "今日の天気は晴れです。";
System.out.println(str1.[ isEmpty ]()); // 「false」と表示
```

解説 isEmptyはboolean型の値を返します。「true」を返すのはEmpty（空）の場合で、1行目が「String str1 = "";」となっていたら表示結果は「true」になります。

---

⑤ 表の中から実行結果が「it's a sunny day.」と表示されるメソッド入れてみましょう

```
String str1 = "It's a sunny day.";
String str2 = str1.[          ]();
System.out.println(str2); // 「it's a sunny day.」と表示
```

↓

```
String str1 = "It's a sunny day.";
String str2 = str1.[ toLowerCase ]();
System.out.println(str2); // 「it's a sunny day.」と表示
```

解説 すべて小文字になっているので、toLowerCaseメソッドが入ります。すべて大文字にしたいときはtoUpperCaseメソッドを使います。

COLUMN オンラインマニュアルについて

ここまでいろいろなメソッドの使い方を紹介してきましたが、Javaにはまだまだたくさんのクラスやメソッドが用意されています。どのようなクラスがあるのか、またそのクラスにはどんなメソッドが用意されているのかを調べるにはオンラインマニュアル（APIドキュメント）を利用すると便利です。メソッドは下記のような仕様で表記されています。

本稿執筆時点での最新バージョンであるJava 12のマニュアルは以下のURLで見ることができます。

Java 12 のマニュアル

```
https://docs.oracle.com/javase/jp/12/docs/api/index.html
```

メソッドの仕様の表記例

```
修飾子　戻り値の型　メソッド(引数の型　引数名)
```

indexOf メソッドの仕様の表記

```
public int indexOf(String str)
```

マニュアルでの indexOf メソッドの解説

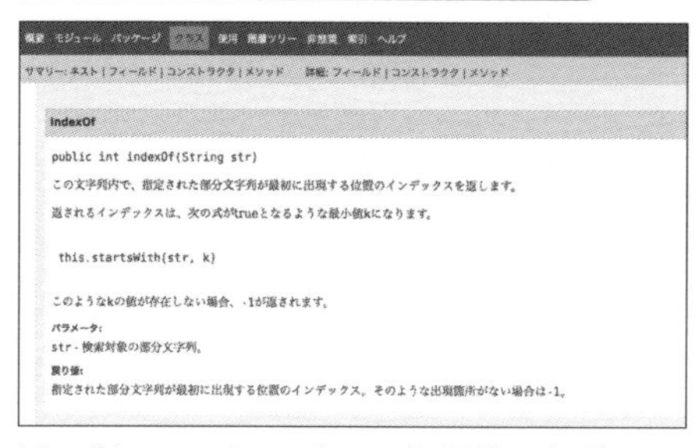

https://docs.oracle.com/javase/jp/12/docs/api/java.base/java/lang/String.html#indexOf(java.lang.String)

オブジェクトの基本操作

Java の標準ライブラリーに用意されたクラスを使用して、オブジェクトの生成とメソッドの実行方法についてもう少し詳しく見ていきましょう。

java.lang java.nio
java.io java.text
java.math java.time
java.net java.util

import するか
階層を記述して使用

Java プログラム

利用可能

標準ライブラリーについて

Javaでは日付や時刻に関する処理、ユーザーからの入力を受け取る処理、乱数を扱う処理など、**よく使われる処理を担う基本的なクラスが、あらかじめ標準ライブラリーとして用意されています。**標準ライブラリー内のクラスは、機能別にパッケージと呼ばれるグループにまとめられています。

標準ライブラリー内のパッケージ

パッケージ名	用途
java.lang	Java言語の基盤となるクラス
java.io	入出力関連のクラス
java.math	高精度な数値を扱うためのクラス
java.net	ネットワーク関連のクラス
java.nio	新たに搭載された入出力関連のクラス
java.text	日付、時刻や通貨などのフォーマットを処理するためのクラス
java.time	日付、時刻操作のためのクラス
java.util	さまざまなユーティリティのクラス

P124のコラムで紹介したAPIドキュメントを見るとわかりますが、Java 9以降では、標準ライブラリーは「java.base」、「java.compiler」、「java.datatransfer」といった複数のモジュールに分割されています。基本となるのがjava.baseモジュールで、本書ではjava.baseモジュール内のクラスのみを取り上げています。

パッケージの階層構造について

パッケージ内のクラスは階層構造で管理されていて、ピリオド「.」は階層の区切りを示しています。たとえば、「java.util」は、「java」の階層の下位の「util」というパッケージです。このパッケージには日付時刻を管理するシンプルなクラスであるDateというクラスがあります。Dateクラスを、パッケージを含めて表記すると次のようになります。

```
java.util.Date
```

Dateクラスを使ってみよう

ここでは、Dateクラスを例に、インスタンスの生成とメソッドの実行について復習しましょう。

Dateクラスのインスタンスの生成は、P111で説明した**new演算子とコンストラクタによって行います。**Dateコンストラクタを引数なしで実行した場合には、現在の日付時刻を表すインスタンスが生成されます。次の例を見てみましょう。

Date1.java

```
public static void main(String[] args){
    java.util.Date now = new java.util.Date(); ①
    System.out.println(now.toString()); ②
}
```

①でDateコンストラクタを使用し、Dateクラスのインスタンスを生成して変数nowに代入しています。

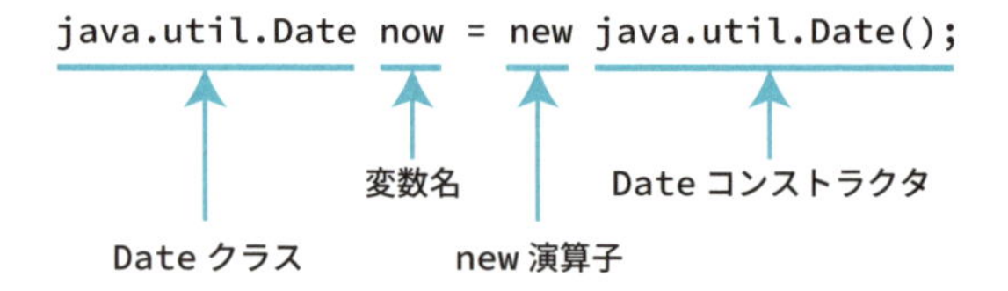

クラスの宣言、およびインスタンスの生成とも**「java.util.Date」とパッケージを指定してDateクラスにアクセスしている**ことに注目しましょう。

②では変数nowにtoStringメソッドを実行し、その結果をSystem.out.printlnメソッドに渡しています。

```
System.out.println(now.toString())
```

nowにtoStringメソッドを実行する

このtoStringはすべてのクラスに用意されているメソッドで、**インスタンスの文字列表現を戻します。**Dateクラスのインスタンスに対して実行すると日付時刻を表す文字列が返ってきます。

Chapter 4

実行結果

```
Sun Aug 25 23:11:11 JST 2019
```

②では変数nowにtoStringメソッドを実行し、その結果をprintlnメソッドに渡しています。次のように、printlnメソッドに変数nowを直接渡すこともできます。

```
System.out.println(now);
```

これは、printlnメソッドには、引数として渡されたインスタンスのtoStringメソッドを自動的に呼び出す働きがあるためです。

Think! 考えてみよう

① 「java.util.Date」のインスタンスを生成し、日付時刻を表示してみましょう

```
java.util.Date date = new [          ];
System.out.println(date.toString());
```

↓

```
java.util.Date date = new java.util.Date() ;
System.out.println(date.toString());
```

解説 似た記述が続きますが、java.util.DateがDateクラス、java.util.Date()がDateコンストラクタです。

import文でクラスを読み込む

import文を使用してクラスをインポートしておくと、前述のようにDateクラスを「java.util.Date」のようにパッケージから指定する代わりに、「Date」とクラス名を書くだけで利用できます。

インポートする際は、ソースファイルの先頭にimport文を次の書式で指定します。

```
import パッケージ名.クラス名;
```

import文もひとつの文なので最後に「;」が必要な点に注意しましょう。前述のDate1.javaを、import文を使用してDateクラスをインポートするように変更した例を見てみます。

Date2.java

```
import java.util.Date; ①
public class Date2 {
    public static void main(String[] args){
        Date now = new Date(); ②
        System.out.println(now.toString());
    }
}
```

①でjava.util.Dateをインポートしています。②のようにDateクラスには、**クラス名だけでアクセスできるようになった**点に注目しましょう。

```
Date now = new Date();
```

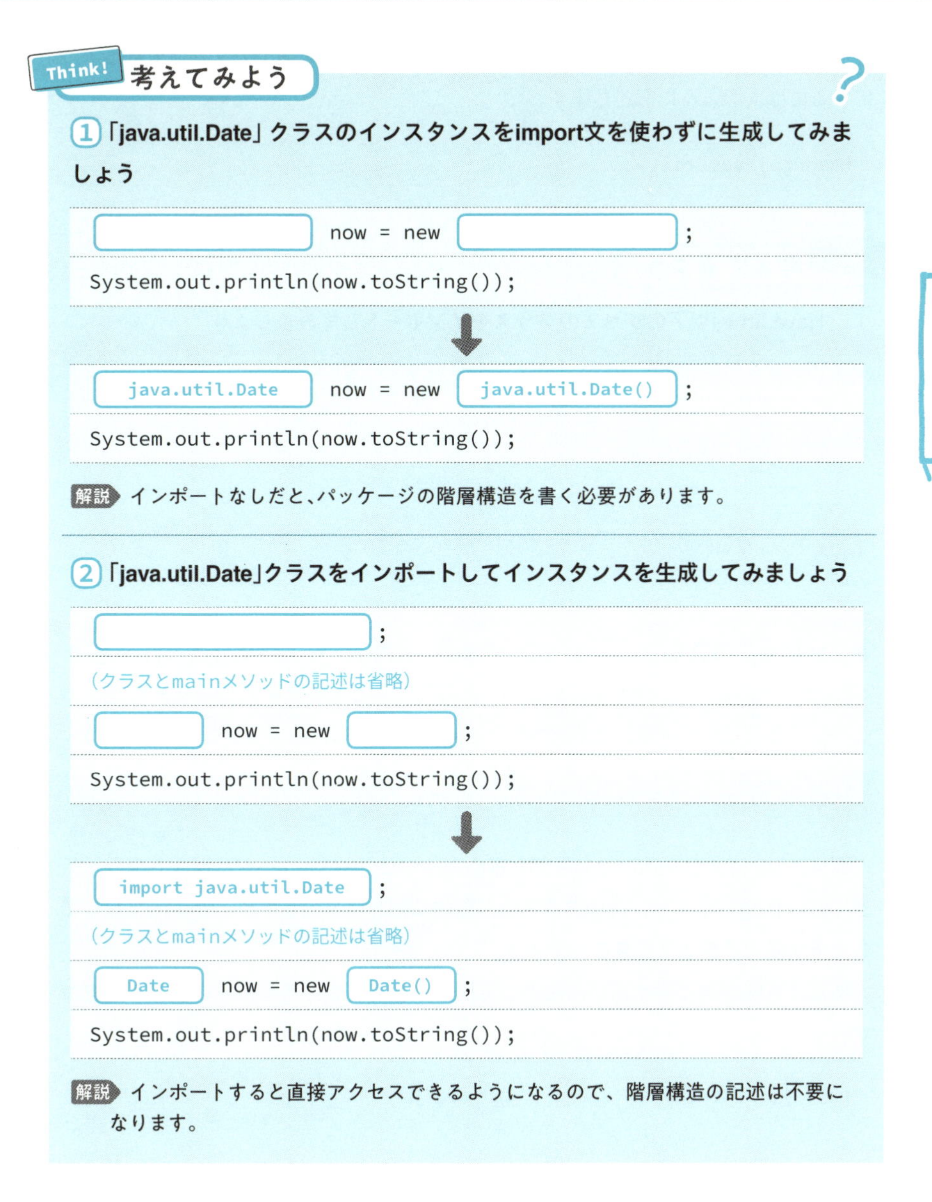

Think! 考えてみよう

① 「java.util.Date」クラスのインスタンスをimport文を使わずに生成してみましょう

```
[          ] now = new [          ];
System.out.println(now.toString());
```

↓

```
java.util.Date now = new java.util.Date();
System.out.println(now.toString());
```

解説 インポートなしだと、パッケージの階層構造を書く必要があります。

② 「java.util.Date」クラスをインポートしてインスタンスを生成してみましょう

```
[          ];
(クラスとmainメソッドの記述は省略)
[      ] now = new [      ];
System.out.println(now.toString());
```

↓

```
import java.util.Date;
(クラスとmainメソッドの記述は省略)
Date now = new Date();
System.out.println(now.toString());
```

解説 インポートすると直接アクセスできるようになるので、階層構造の記述は不要になります。

パッケージ内のすべてのクラスをインポートするには

前述の例では、import文に「パッケージ名.クラス名」を指定してクラスを読み込んでいましたが、**クラス名部分にアスタリスク「*」を指定することにより、指定したパッケージ内のすべてのクラスにクラス名だけでアクセスできる**ようになります。

たとえば、java.utilパッケージ内の任意のクラスにクラス名でアクセスできるようにするには次のように記述します。

```
import java.util.*;
```

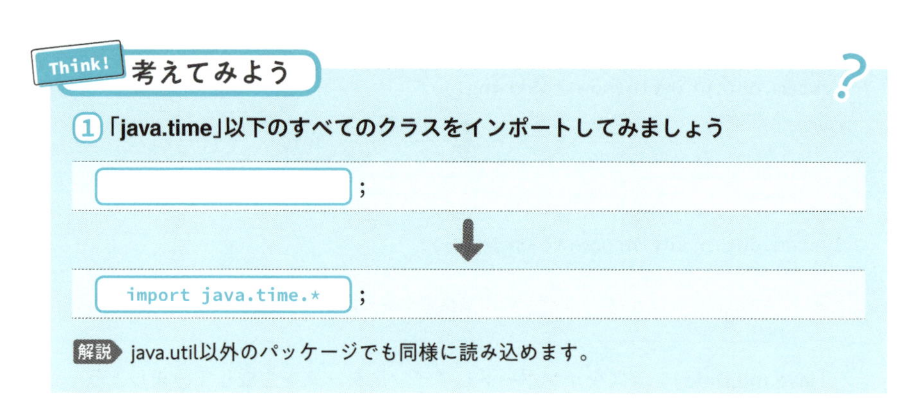

Stringクラスなどjava.langパッケージのクラスはimportが不要

前セクションでは、Stringクラスのインスタンスである文字列の基本的な使い方について説明しましたが、**Stringクラスはimport文なしに直接アクセスできました。**

```
String s1 = "こんにちはJava";
```

実は、StringクラスはJavaの基盤となる「java.lang」パッケージに属するクラスです。**java.langパッケージ内のクラスは自動的に読み込まれるため、import文なしでもクラス名でアクセスできる**のです。

あまり意味がありませんが、次のようにパッケージ名から指定することもできます。

```
java.lang.String s1 = "こんにちはJava";
```

コンストラクタを使用しないでメソッドでインスタンスを生成する

クラスによっては、**コンストラクタを使用しないで、特別なメソッドでインスタンスを生成するもの**もあります。たとえば、LocalDateという日付を管理するクラスがあります。これは、Java 8で導入されたjava.timeパッケージのクラスです。

あらかじめ次のようにしてインポートしておきます。

```
import java.time.LocalDate;
```

LocalDateクラスで今日の日付を管理するインスタンスを生成し、変数todayに代入するには、nowというメソッドを使用して次のようにします。

```
LocalDate today = LocalDate.now();
```

now メソッドでインスタンスを生成

今日の日付を表示する例を見てみましょう。

Date3.java

```
import java.time.LocalDate;
public class Date3 {
    public static void main(String[] args){
        LocalDate today = LocalDate.now(); ①
        System.out.println(today.toString()); ②
    }
}
```

①で今日の日付を表すLocalDateクラスのインスタンスを生成し、変数todayに代入しています。

②で変数todayに、日付を文字列として戻すtoStringメソッドを実行し、結果をprintlnメソッドに渡して表示しています。

実行結果

```
2019-08-25
```

今日の日付を表示する

Chapter 4

Think! 考えてみよう

① LocalDateクラスのインスタンスを生成して、変数currentDateに代入してみましょう

```
[          ] currentDate = [          ];
System.out.println(currentDate.toString());
```

↓

```
LocalDate currentDate = LocalDate.now();
System.out.println(currentDate.toString());
```

解説 LocalDateクラスでは、コンストラクタではなく、nowメソッドでインスタンスを生成していることに注意しましょう。

●インスタンスメソッドとスタティックメソッド●

ここで、①のLocalDateクラスのnowメソッドの実行方法をもう一度見てみましょう。

```
LocalDate.now()
クラス名.メソッド()
```

インスタンスを生成せずに、「クラス名.メソッド(〜)」の形式で実行しています。このようなメソッドを「**スタティックメソッド**」もしくは「**クラスメソッド**」と呼びます。

それに対してこれまで紹介したメソッドは、生成されたインスタンスに対して実行していました。

```
インスタンスの変数名.メソッド()
```

P131のDate3.javaの場合には、②のtoStringメソッドは、インスタンスtodayに対して実行しています。

```
today.toString()
```

このようなメソッドを「**インスタンスメソッド**」と呼びます。インスタンスメソッドとスタティックメソッドの相違をまとめると次のようになります。

・インスタンスメソッド：インスタンスに依存するメソッド
・スタティックメソッド：インスタンスに依存しないメソッド

なお、メソッドの定義では**「static」というキーワードを指定したものがスタティックメソッド**です。ここまで何度も記述してきたmainメソッドの宣言部分を見てみましょう。

```
public static void main(String[] args){
```

「static」が指定してあるのでmainメソッドはスタティックメソッドです。そのためクラスからインスタンスを生成しなくても呼び出されるわけです。

Chapter 4

Think! 考えてみよう

① メソッドの種類を理解しましょう

```
SampleClass sampleInstance = new SampleClass();
SampleClass.sampleMethod1();
sampleInstance.sampleMethod2();
```

SampleClass.sampleMethod1()は［　　　］メソッド
sampleInstance.sampleMethod2();は［　　　］メソッド

↓

SampleClass.sampleMethod1()は［スタティック］メソッド
sampleInstance.sampleMethod2();は［インスタンス］メソッド

解説 「クラス名.メソッド名」で利用するメソッドをスタティックメソッド、「インスタンス名.メソッド名」で利用するメソッドをインスタンスメソッドと呼びます。

●今日の日付を"～年～月～日"の形式で表示する●

LocalDateクラスを使用して、今日の日付を「2019年8月20日」の形式で表示する例を示しましょう。

それには次のようなインスタンスメソッドを使用します。

LocalDateクラスで日付を取得するインスタンスメソッド

メソッド	戻り値	説明
getYear()	int型	西暦の年を戻す
getMonthValue()	int型	月の値を戻す
getDayOfMonth()	int型	日の値を戻す

Date4.java(mainメソッド部分)

```
public static void main(String[] args){
    // 今日の日付を生成
    LocalDate today = LocalDate.now();
    String todayStr = today.getYear() + "年" +
    today.getMonthValue() + "月" + today.getDayOfMonth() + "日"; ←①
    System.out.println(todayStr);
}
```

①でgetYear、getMonthValue、getDayOfMonthメソッドを使用して年、月、日の値を取得し、+演算子で接続しています。

実行結果

```
2019年11月10日
```

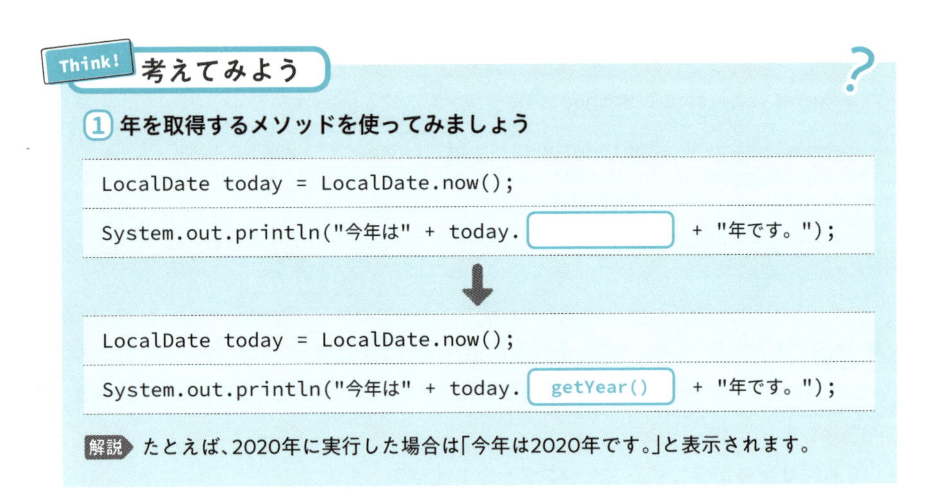

Think! 考えてみよう

① 年を取得するメソッドを使ってみましょう

```
LocalDate today = LocalDate.now();
System.out.println("今年は" + today.[          ] + "年です。");
```

↓

```
LocalDate today = LocalDate.now();
System.out.println("今年は" + today.getYear() + "年です。");
```

解説 たとえば、2020年に実行した場合は「今年は2020年です。」と表示されます。

② 月日を取得するメソッドを使ってみましょう

```
LocalDate today = LocalDate.now();
System.out.println("今日は" + today.[          ] + "月" +
today.[          ] + "日です。");
```

↓

```
LocalDate today = LocalDate.now();
System.out.println("今日は" + today.getMonthValue() + "月" +
today.getDayOfMonth() + "日です。");
```

解説 たとえば、12月31日に実行した場合は「今日は12月31日です。」と表示されます。

Chapter 4

定数をまとめて扱える列挙型

LocalDateクラスのインスタンスに格納された日にちの、曜日を調べたい場合にはどうでしょう。それにはgetDayOfWeekメソッドを使用します。

getDayOfWeek メソッド

メソッド	戻り値	説明
getDayOfWeek()	DayOfWeek	曜日を戻す

getDayOfWeekメソッドの戻り値のDayOfWeekは**「列挙型(Enum)」と呼ばれるデータ型**です。日常的にも「〜を列挙する」といった言い方をしますが、列挙型とは一連の定数をまとめて扱えるようにした特別なオブジェクトです。

DayOfWeek列挙型では、MONDAY、TUESDAY、WEDNESDAY、THURSDAY、FRIDAY、SATURDAY、SUNDAYという曜日を表す値をまとめて管理できます。

●今日の曜日を表示する●

次に今日の曜日を表示する例を見てみましょう。

Date5.java(main メソッド部分)

```
public static void main(String[] args){
    // 今日の日付を生成
    LocalDate today = LocalDate.now();
    System.out.println(today.getDayOfWeek()); ①
}
```

①で今日の日付を格納した変数todayにgetDayOfWeekメソッド実行し曜日を取得して表示しています。

実行結果

```
SATURDAY  ← 土曜日に実行した場合
```

Think! 考えてみよう

① 曜日を取得するメソッド「getDayOfWeek()」を使ってみましょう

```
LocalDate today = LocalDate.now();
System.out.println("今日は" + [          ] + "です。");
```

↓

```
LocalDate today = LocalDate.now();
System.out.println("今日は" + today.getDayOfWeek() + "です。");
```

解説 たとえば、土曜日に実行した場合は「今日はSATURDAYです。」と表示されます。

来年の今日は何曜日？

LocalDateクラスでは日付に関するいろいろなメソッドが利用可能です。その使用例として来年の今日の曜日を求める例を見てみましょう。

NextYear1.java(main メソッド部分)

```
public static void main(String[] args){
        // 今日の日付を生成
        LocalDate today = LocalDate.now(); ①
        // 来年の今日の日付を生成
        LocalDate nextYearDay = today.plusYears(1); ②
        // 来年の今日の日付を表示
        System.out.println(nextYearDay); ③
        //  来年の今日の曜日を表示
        System.out.println(nextYearDay.getDayOfWeek()); ④
}
```

①で今日の日付のLocalDateインスタンスを生成し、変数todayに代入しています。②でplusYearsメソッドを実行しています。

```
LocalDate nextYearDay = today.plusYears(1);
```

このplusYearsメソッドは、インスタンスtodayに対して、**引数で指定した年の値を足して新たなLocalDateインスタンスを生成するメソッド**です。

plusYears メソッド

メソッド	戻り値	説明
plusYears(long型)	LocalDate	引数の値で指定した年後の LocalDateインスタンスを戻す

②のように引数に1を指定して実行すると、1年後の日付のLocalDateクラスのインスタンスが生成され、変数nextYearDayに代入されます。

③でインスタンスnextYearDayの内容を表示し、④でnextYearDayにgetDayOfWeeekメソッドを使用して曜日を表示しています。

実行結果

```
2020-11-09   2019年11月9日に実行した場合
MONDAY
```

Think!

考えてみよう

① 日数を加算するメソッド「plusDays()」を使ってみましょう

```
LocalDate today = LocalDate.now();
LocalDate targetDay = today.[          ];  // 20日先の日付にする
System.out.println(targetDay);
```

↓

```
LocalDate today = LocalDate.now();
LocalDate targetDay = today.plusDays(20);  // 20日先の日付にする
System.out.println(targetDay);
```

解説 plusDaysメソッドはplusYearsと同様に、引数で指定した日数後のLocalDateインスタンスを生成します。たとえば、2019年12月31日に実行した場合は「2020-01-20」と表示されます。

03 複雑な計算はMathクラスで

数値の計算は「+」、「-」、「*」、「/」のような四則演算だけではありません、Mathクラスという数値の計算に特化したクラスに便利なメソッドが用意されています。

Chapter 4

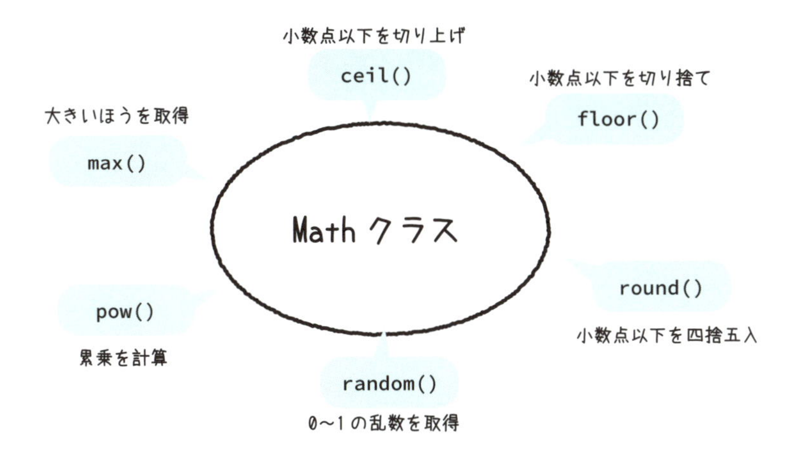

Mathクラスのメソッドの例を見てみよう

Mathクラスには、数値を処理するための多くのメソッドが用意されています。**Mathクラスのメソッドはインスタンスを生成せずに呼び出すスタティックメソッド**です。次のような書式で実行します。

Math クラスのメソッドの書式

```
Math.メソッド名(引数1, 引数2, 引数3, ...)
```

たとえば、2つの値を比べてどちらが大きいかを調べたいとしましょう。そのような場合にはmaxメソッドを使用します。maxメソッドは引数を2つ受け取り、大きいほうの値を戻します。

max メソッド

メソッド	戻り値	説明
max(double型a, double型b)	double型	2つの引数の大きいほうを戻す(int型、long型、float型でも利用できます)

Mathクラスはjava.langパッケージに含まれるクラスですのでimport文は不要です。次の例を見てみましょう。

Math1.java

```
public static void main(String[] args){
    double d1 = 19.5;
    double d2 = 24.4;
    double max = Math.max(d1, d2); ←①
    System.out.println(max);
}
```

①でmaxメソッドにより変数d1とd2の大きいほうの値を変数maxに代入しています。

実行結果

```
24.4
```

Think! 考えてみよう

① maxメソッドで、変数d1とd2のうち大きいほうの値を表示してみましょう

```
double d1 = 123.45;
double d2 = 67.8;
System.out.println(          );
```

↓

```
double d1 = 123.45;
double d2 = 67.8;
System.out.println( Math.max(d1, d2) );
```

解説 maxメソッドは、double型の引数を2つ受け取り、小さいほうの値を戻します。実行すると「123.45」と表示されます。int型の変数を引数に指定しても自動的にキャストされて正しく動作します。

2 maxメソッドと同じ使い方のminメソッドで、小さいほうの値を表示してみましょう

```
double d1 = 123.45;
double d2 = 67.8;
System.out.println(                );
```

↓

```
double d1 = 123.45;
double d2 = 67.8;
System.out.println( Math.min(d1, d2) );
```

解説 minメソッドは2つの数値のうち、小さいほうの値を戻します。

切り捨て・切り上げ・四捨五入

さまざまな場面で、「4.55」のような値の小数部を切り上げて「5」のような整数に変換する、あるいは小数部を切り捨てて「4」として扱うといったケースがあります。このようなときは、次のようなメソッドを使用します。

小数点以下を丸めるメソッド

メソッド	戻り値	説明
ceil(double型)	double型	引数の値以上の最小の整数を戻す(切り上げ)
floor(double型)	double型	引数の値以下の最大の整数を戻す(切り捨て)
round(double型)	long型	引数にもっとも近い整数値を戻す(四捨五入)

切り捨てはfloor、切り上げはceilです。 ceilは天井、floorは床といった意味ですので、そのことをイメージすればまちがえないでしょう。

四捨五入するときはroundです。 また、floorとceilは「XXX.0」の形式のdouble型の数値を戻しますが、roundは「XXX」の形式のlong型の整数値を戻す点にも注意しましょう。実際に使用したコードの例を見てみます。

Math2.java

```
public static void main(String[] args){
    double d1 = 19.5;
    System.out.println("ceil: " + Math.ceil(d1));
    System.out.println("floor: " + Math.floor(d1));
    System.out.println("round: " + Math.round(d1));
}
```

実行結果

```
ceil: 20.0
floor: 19.0
round: 20
```

ceilとfloorがdouble型、roundがlong型の戻り値になっているのが確認できます。

Think! 考えてみよう

1 ceil、floor、roundメソッドを使ってみましょう

```
double d1 = 11.8;
System.out.println("切り捨て: " + [          ]);
System.out.println("切り上げ: " + [          ]);
System.out.println("四捨五入: " + [          ]);
```

↓

```
double d1 = 11.8;
System.out.println("切り捨て: " + Math.floor(d1));
System.out.println("切り上げ: " + Math.ceil(d1));
System.out.println("四捨五入: " + Math.round(d1));
```

解説 実行すると、順に「11.0」、「12.0」、「12」と表示されます。

乱数を生成する

プログラムでは**ランダムな数値である「乱数」がよく使用されます。**Mathクラスにはrandomという乱数を取得するためのメソッドがあります。randomメソッドは0以上1未満の乱数を生成しdouble型の値として返します。

乱数を取得するメソッド

メソッド	戻り値	説明
random()	double型	0～1の乱数(0.XXX...)を戻す

では、randomメソッドを使った例を見てみましょう。

Random1.java(mainメソッド部分)

```
public static void main(String[] args){
    double r1 = Math.random();
    System.out.println(r1);
}
```

実行するたびにランダムな値が表示されるので、確認してみましょう。

実行結果

```
0.59429909510432
```

ランダムな値が表示される

●サイコロプログラムを作成しよう●

randomメソッドを使用してサイコロの目を表示するプログラムを作成してみましょう。実行するたびに1～6の整数をランダムに表示するプログラムです。

1～6のランダムな整数を求めるにはいくつかの方法がありますが、Mathクラスのrandomメソッドとceilメソッドを組み合わせて使用すると次のようになります。

Dice1.java

```
public static void main(String[] args){
    double r1 = Math.ceil(Math.random() * 6.0); ①
    System.out.println((int)r1); ②
}
```

Chapter 4

①でrandomメソッドの値に6.0をかけ、その結果をceilでメソッドで切り上げることで、1.0〜6.0間でランダムに整数を生成できます。

```
Math.ceil(Math.random() * 6.0)
```

randomメソッドの結果と、6.0を掛けて切り上げた結果の関係を図にすると次のようになります。**0.0〜1.0の乱数を偏りなく1〜6の整数に割り振れている**ことが確認できます。

0.0 〜 1.0 の乱数と 6.0 を掛けて切り上げた数値の関係

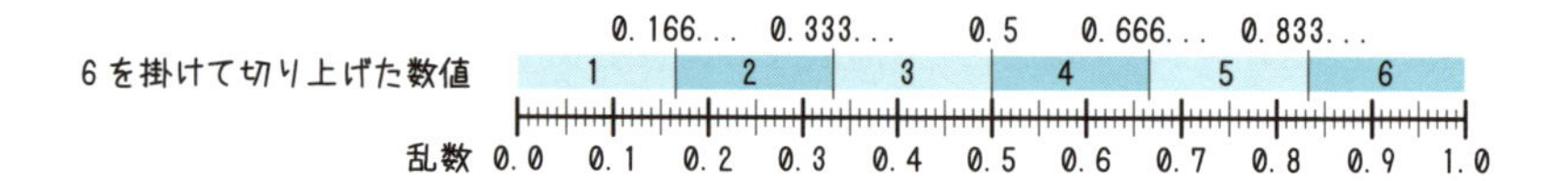

結果はdouble型のため②でint型にキャストしています。

実行結果

```
5
```

1〜6の整数値が表示される

ceilメソッドを使用しない方法もあります。次の例を見てみましょう。

Dice2.java(mainメソッド部分)

```
public static void main(String[] args){
    int r1 = (int)(Math.random() * 6.0) + 1; ①
    System.out.println(r1);
}
```

①で「Math.random() * 6.0」の結果をint型にキャストしています。double型の値をint型にキャストすると小数点以下が切り捨てられます。0〜5の整数値となるので、それに1を足して1〜6の整数値にしています。

Think! 考えてみよう

① 1～10のランダムな整数を返すルーレットプログラムをつくってみましょう

```
double d1 = [          ];
System.out.println((int)d1);
```

↓

```
double d1 = Math.ceil(Math.random() * 10.0);
System.out.println((int)d1);
```

解説 randomメソッドは、0.000...1以上で0.999...以下のdouble型の値を返します。randomの結果に10を掛けると0.00...10～9.99...となり、切り上げると1～10の乱数を取得できます。

② 5以上6未満のランダムな浮動小数点数を返すプログラムをつくってみましょう

```
double d1 = [          ];
System.out.println([    ]);
```

↓

```
double d1 = Math.random() + 5;
System.out.println(d1);
```

解説 randomメソッドで得られた乱数に5を加算すると、5.000...1～5.999...の乱数を取得できます。

③ 3以上5未満のランダムな浮動小数点数を返すプログラムをつくってみましょう

```
double d1 = [          ];
System.out.println([    ]);
```

↓

```
double d1 = Math.random() * 2 + 3;
System.out.println(d1);
```

解説 randomの結果に2を掛けることで、0.000...2～1.99...8のランダムな値を取得できます。そこに3を加算すれば、3.000...2～4.99...8のランダムな値となります。

Mathクラスの定数

Mathクラスに用意されているのはメソッドだけではありません。**数値演算用の定数**がフィールドとして用意されています。

Math クラスの定数

フィールド	説明
E	自然対数の底
PI	円周率

これらの値は次のようにして使用します。

```
Math.定数名
```

円の面積を求める

たとえば円周率は3.14...ですが、**数値を直接記述するかわりに「Math.PI」を使用できる**わけです。

Math.PIを使用して円の面積を求めてみましょう。中学で習ったように円の面積は次の式で計算できます。

```
円周率 × 半径 × 半径
```

変数hankeiに半径が代入されるものとして、その円の面積を求める例を見てみましょう。

Menseki1.java(main メソッド部分)

```
public static void main(String[] args){
    double hankei = 10.0;
    double menseki = Math.PI * hankei * hankei; ❶
    System.out.println("半径: " + hankei);
    System.out.println("面積: " + menseki);
}
```

①で円周率にMath.PIを使用して面積を計算しています。

実行結果

```
半径: 10.0
面積: 314.1592653589793
```

Think! 考えてみよう

① 変数ensyuuに円周を代入してみましょう(円周 = 2 × 半径 × 円周率)

```
double hankei = 8.0;
double ensyuu = [          ];
System.out.println("円周: " + ensyuu);
```

↓

```
double hankei = 8.0;
double ensyuu = 2 * hankei * Math.PI ;
System.out.println("円周: " + ensyuu);
```

解説 実行すると「円周: 50.26548245743669」と表示されます。

powメソッドを使用する

先ほどの例では、次の式で円の面積を求めていました。

```
円周率 × 半径 × 半径
```

「半径×半径」は半径の2乗として計算することもできます。

```
円周率 × 半径の2乗
```

この「2乗」は**Mathクラスのpowメソッドを使用して計算することができます。**

累乗を計算するメソッド

メソッド	戻り値	説明
pow(double型a, double型b)	double型	引数aを引数bで累乗した結果を戻す

powというメソッドは、1番目の引数を2番目の引数で累乗した値を返します。Menseki1.javaをpowメソッドを使うように変更した例を見てみましょう。

Menseki2.java(一部)

```
double menseki = Math.PI * Math.pow(hankei, 2);
```

実行結果はもちろん変わりません。

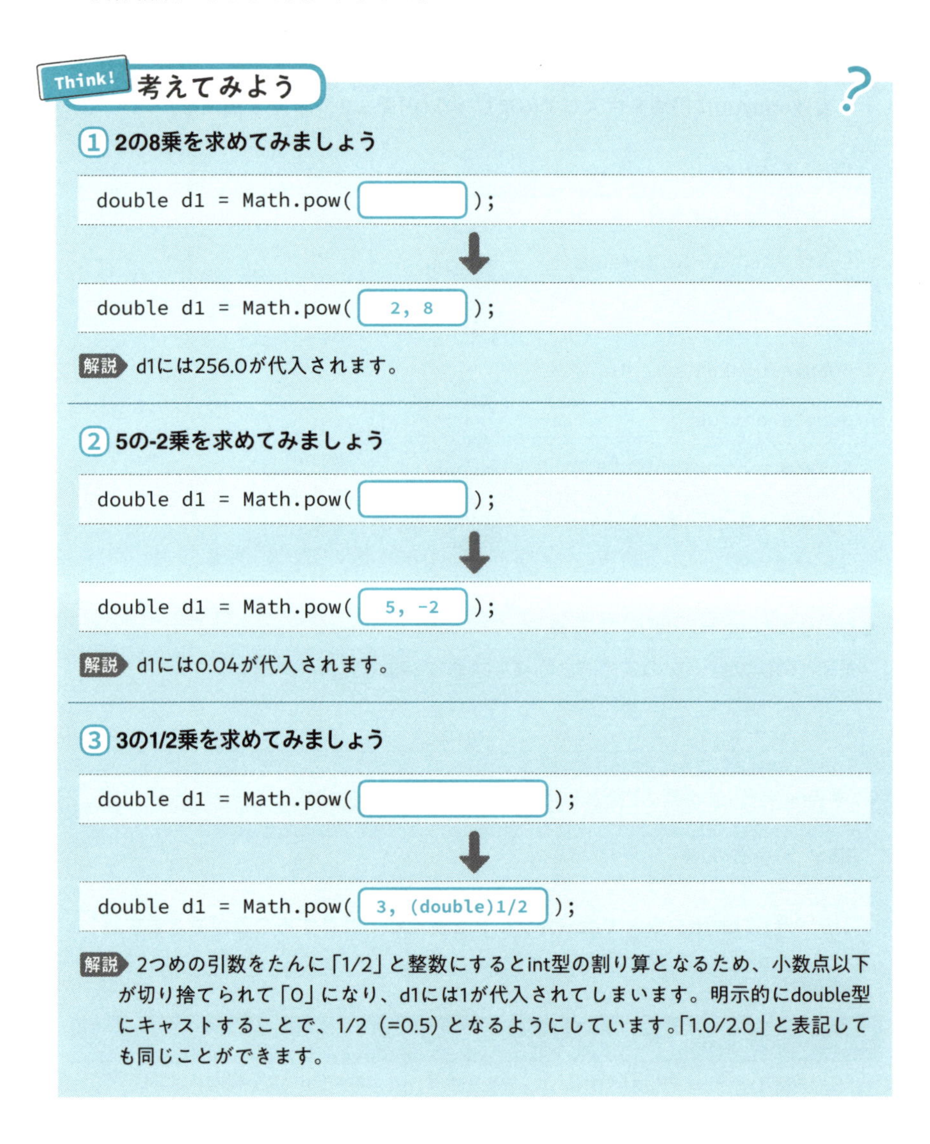

Think! 考えてみよう

① 2の8乗を求めてみましょう

```
double d1 = Math.pow(      );
```

↓

```
double d1 = Math.pow( 2, 8 );
```

解説 d1には256.0が代入されます。

② 5の-2乗を求めてみましょう

```
double d1 = Math.pow(      );
```

↓

```
double d1 = Math.pow( 5, -2 );
```

解説 d1には0.04が代入されます。

③ 3の1/2乗を求めてみましょう

```
double d1 = Math.pow(      );
```

↓

```
double d1 = Math.pow( 3, (double)1/2 );
```

解説 2つめの引数をたんに「1/2」と整数にするとint型の割り算となるため、小数点以下が切り捨てられて「0」になり、d1には1が代入されてしまいます。明示的にdouble型にキャストすることで、1/2 (=0.5) となるようにしています。「1.0/2.0」と表記しても同じことができます。

● Mathクラスのメソッドの例 ●

Mathクラスには、**ほかにもさまざまな数値計算用のメソッドがスタティックメソッドとして用意されています**。一部を表にまとめたので見てみましょう。

Math クラスのメソッド

メソッド	戻り値	説明
abs(double型)	double型	引数の絶対値を戻す
cos(double型)	double型	引数のコサイン値を戻す
log(double型)	double型	引数の自然対数を戻す
sin(double型)	double型	引数のサイン値を戻す
sqrt(double型)	double型	引数の平方根を戻す
tan(double型)	double型	引数のタンジェント値を戻す

Think! 考えてみよう

① 「-35」の絶対値を求めてみましょう

```
double d1 = Math.[        ];
```

↓

```
double d1 = Math.abs(-35);
```

解説 実行するとd1には「35.0」が代入されます。

② 「64」の平方根を求めてみましょう

```
double d1 = Math.[        ];
```

↓

```
double d1 = Math.sqrt(64);
```

解説 d1には「8.0」が代入されます。

Randomクラス

Dice1.java（P143）では乱数の生成にMath.randomメソッドを使用する方法について説明しましたが、**乱数専用のクラスであるjava.utilパッケージのRandomクラスを使用することもできます。**Randomクラスには、いろいろな種類の乱数を生成するメソッドが用意されています。また、乱数の生成方法を指定することも可能です。たとえば**nextIntメソッドを使用すると、引数で指定した値未満の整数の乱数を生成できます。**

nextIntメソッド

メソッド	戻り値	説明
nextInt(int型)	int型	引数未満の整数の乱数を生成

なお、Mathクラスのrandomメソッドと異なり、**RandomクラスのnextIntメソッドはインスタンスメソッドです。**コンストラクタでインスタンスを生成してからメソッドを実行します。

では、Randomクラスのインスタンスを生成し、0以上10未満の整数の乱数を取得する例を見てみましょう。

Random2.java

```
import java.util.Random; ①
public class Random2 {
    public static void main(String[] args){
        Random r1 = new Random(); ②
        int randomNum = r1.nextInt(10); ③
        System.out.println(randomNum);
    }
}
```

Randomクラスはjava.utilパッケージに用意されたクラスで、①でインポートしています。②でRandomコンストラクタを使用してインスタンスを生成し変数r1に代入し、③でnextIntメソッドにより10未満の乱数を生成しています。

実行結果

```
2
```
10未満の整数の乱数を生成

Think! 考えてみよう

① nextIntメソッドを利用して、0.0〜1.0未満のランダムな0.1刻みの小数を返すプログラムつくってみましょう

```
Random r1 = new Random();
float randomNum = [          ];
System.out.println(randomNum);
```

↓

```
Random r1 = new Random();
float randomNum = (float)r1.nextInt(10)/10;
System.out.println(randomNum);
```

解説 nextInt(10)で0以上10未満のランダムな整数を得て、これを10で割ることで0以上1.0未満の値が得られそうですが、ここでも型に注意が必要です。nextIntメソッドの返り値はint型のため、「r1.nextInt(10)/10」の計算結果は小数点以下が切り捨てられてしまい、「0」となってしまいます。そこで「(float)r1.nextInt(10)」として浮動小数点数型にキャストすることで、10で割った際に小数点以下が切り捨てられなくなります。

Randomクラスによるサイコロプログラムの作成

サイコロプログラムDice2.java（P144）を、Randomクラスを使用するように変更した例を見てみましょう。

Dice3.java(mainメソッド部分)

```
public static void main(String[] args){
    Random r1 = new Random();
    int randomNum = r1.nextInt(6) + 1;
    System.out.println(randomNum);
}
```

最初から整数で乱数の範囲を決められるので、**nextIntメソッドを使ったほうがシンプルな処理になる**ことがわかります。

Think!
考えてみよう

① 1～10のランダムな整数を返すルーレットプログラムをつくってみましょう

```
Random r1 = new Random();
int randomNum = [            ];
System.out.println(randomNum);
```

↓

```
Random r1 = new Random();
int randomNum = r1.nextInt(10) + 1 ;
System.out.println(randomNum);
```

解説 nextIntメソッドは、0以上引数未満のint型の値を返すため、結果に1を加算することで1以上～引数以下(引数+1未満)のランダムな整数を得ることができます。

ラッパークラスとデータの入力について

このセクションでは、まず、基本データ型とオブジェクトの橋渡しをするラッパークラスについて見ていきます。さらにユーザーの入力を読み込む方法についても解説します。

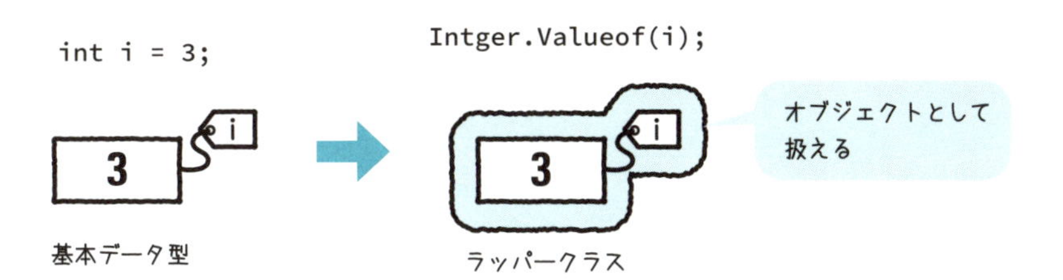

基本データ型とオブジェクトの橋渡しをするラッパークラス

これまで説明したように、Javaでは数値などは基本データ型として扱われます。Javaはオブジェクト指向言語ですが、足し算や引き算といった単純な計算には、数値のようなシンプルなデータのほうが使い勝手がよいからです。しかしながら、オブジェクトに用意されたメソッドは基本データ型では使用できません。

そのため、**基本データ型をオブジェクトとして扱えるようにラッパークラスというものが用意されています。**

基本データ型に対応するラッパークラス

基本データ型	ラッパークラス	基本データ型	ラッパークラス
byte	Byte	float	Float
short	Short	double	Double
int	Integer	boolean	Boolean
long	Long	char	Character

ラッパークラスの「ラッパー：wrapper」は日本語では「包む」という意味で、「**基本データ型を包み込む**」という意味でそう呼ばれています。

なお、ラッパークラスはjava.langパッケージ内のクラスのためimport文でインポートする必要はありません。

Think! 考えてみよう

① 各基本データ型に対応するラッパークラスを覚えましょう

byte	
short	
int	
long	
float	
double	
boolean	
char	

→

byte	Byte
short	Short
int	Integer
long	Long
float	Float
double	Double
boolean	Boolean
char	Character

解説 クラスなので、先頭が大文字になります。intとcharについては、元になっている英単語が使われています。

Integerクラスを使用してみよう

ここでは、int型に対応するラッパークラスであるIntegerクラスを例に、ラッパークラスの使い方について解説しましょう。**基本データ型からラッパークラスへの変換、あるいはラッパークラスから基本データ型への変換はメソッドを使って簡単に行えます。**

int型の数値をIntegerクラスのインスタンスに変換するには**valueOfメソッド**を使用します。逆に、Integerクラスのインスタンスからint型の数値を取り出すには**intValueメソッド**を使用します。前者はスタティックメソッド、後者はインスタンスメソッドです。

valueOfとintValue

メソッド	戻り値	説明
valueOf(int型)	Integerインスタンス	int型をIntegerクラスのインスタンスに変換
intValue()	int型	Integerクラスのインスタンスから整数を取り出す

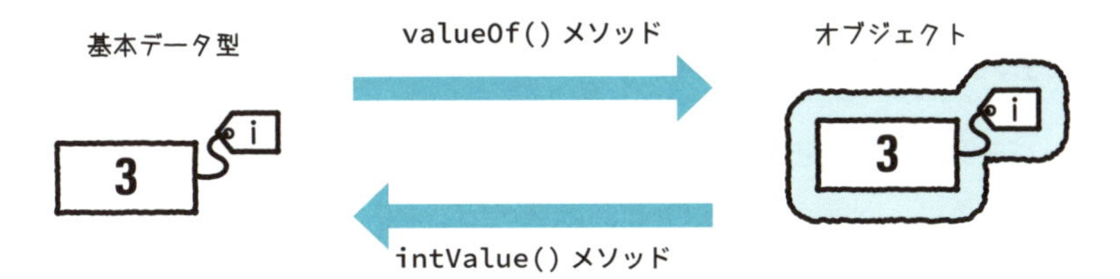

同様にIntegerクラスのdoubleValueメソッドを使用すると、double型の数値として取り出せます。使用例を見てみましょう。

Wrap1.java (一部)

```
public static void main(String[] args){
    Integer i1 = Integer.valueOf(3); ①
    System.out.println(i1.intValue()); ②
    System.out.println(i1.doubleValue()); ③
}
```

①で整数値の「3」をIntegerクラスのインスタンスに変換し、変数i1に代入しています。②で変数i1の値をint型の値として、③でdouble型の値として取り出しています。

実行結果

```
3    ②の結果
3.0  ③の結果
```

Think! 考えてみよう

① 「int型」の変数からIntegerクラスのインスタンスを生成してみましょう

```
int intNum = 5;
Integer integerInstance = Integer.[        ];
```

↓

```
int intNum = 5;
Integer integerInstance = Integer.valueOf(intNum);
```

解説 Integer.valueOfメソッドでIntegerクラスのインスタンスを生成できます。

Chapter 4

文字列を数値に変換する

ラッパークラスを使用すると**「"453"」のような数を表す文字列を数値に変換できます**。たとえば、IntegerクラスのparseIntスタティックメソッドを使用すると、整数を表す文字列をint型の数値に変換できます。「3.14」のような小数点を含む数値を表す文字列をdouble型数値に変換するには、DoubleクラスのparseDoubleメソッドを使います。

parseInt と parseDouble

メソッド	戻り値	説明
parseInt(文字列)	int型	文字列をint型の値に変換する
parseDouble(文字列)	double型	文字列をdouble型の値に変換する

次の例を見てみましょう。

StoN1.java(mainメソッド部分)

```
public static void main(String[] args){
    String s1 = "456";
    String s2 = "3.14";
    System.out.println(s1 + s2);  ①
    int i1 = Integer.parseInt(s1);  ②
    double d1 = Double.parseDouble(s2);  ③
    System.out.println(i1 + d1);  ④
}
```

実行結果

```
4563.14  ①の結果
459.14  ④の結果
```

①の段階ではs1とs2は文字列なので、+演算子は文字列の連結を行っています。②でparseIntメソッド、③でparseDoubleメソッドで数値に変換しているため、④の+演算子は足し算を行っています。

Think! 考えてみよう

① 文字列から数値に変換してみましょう

```
String s1 = "2020";
int i1 = Integer.[          ];
String s2 = "1.08";
double d1 = Double.[          ];
```

```
String s1 = "2020";
int i1 = Integer.[ parseInt(s1) ];
String s2 = "1.08";
double d1 = Double.[ parseDouble(s2) ];
```

解説 実行すると、i1にはint型、d1にはdouble型の数値が代入されます。

② 小数を表す文字列から小数点以下を切り捨てた整数に変換してみましょう

```
String s1 = "23.456";
double d1 = Double.[          ];
int i1 =[          ];
```

```
String s1 = "23.456";
double d1 = Double.[ parseDouble(s1) ];
int i1 =[ (int)d1 ];
```

解説 parseIntメソッドの引数として渡す文字列は、整数を表す文字列でなければなりません。そのため小数を表す文字列は、parseDoubleメソッドで一度浮動小数点型の数値に変換し、さらに整数にキャストする必要があります。実行するとi1には23が代入されます。

●数値を文字列に変換する●

逆に、**数値を文字列に変換するにはいくつかの方法があります。**簡単なのは+演算子で空文字列""と連結する方法です。

```
123 + ""  →  "123"
```

StringクラスのvalueOfスタティックメソッド (P154)、もしくはラッパークラスのtoStringスタティックメソッド(P127)なども使用できます。

NtoS1.java(mainメソッド部分)

```
public static void main(String[] args){
    int i1 = 15;
    double d1 = 9.54;
    System.out.println(i1 + d1); ← 1
    String s1 = String.valueOf(i1); ← 2
    String s2 = Double.toString(d1); ← 3
    System.out.println(s1 + s2); ← 4
}
```

②でStringクラスのvalueOfメソッド、③でDoubleクラスのtoStringメソッドを使用して数値を文字列に変換しています。

実行結果

```
24.54 ← ①の結果(足し算)
159.54 ← ④の結果(文字列連結)
```

Think! 考えてみよう

1 3つの方法で数値を文字列に変換してみましょう

```
double d1 = 12.345;
String str1 = [        ];
String str2 = [        ];
String str3 = [        ];
```

↓

```
double d1 = 12.345;
String str1 = d1 + "" ;
String str2 = String.valueOf(d1) ;
String str3 = Double.toString(d1) ;
```

解説 +演算子で文字列を連結する方法、valueOfメソッドを使う方法、toStringメソッドを使う方法の3つです。解答の順序は同じでなくてかまいません。

Chapter 4

キーボードからデータを読み込む

コマンドラインでユーザーがキーボードから入力した文字列を読み込む方法について説明しましょう。方法はいくつかありますが、ここでは、**java.utilパッケージのScannerクラスを使用する方法**について説明します。

VS Code のバージョンによっては、Run ボタンをクリックしたときに「デバッグコンソール」に出力される場合があります。このような場合はキーボードからの入力を受け取れないため、出力先を「ターミナル」に変更する必要があります（P166 参照）。

Scannerクラスを使用し、ユーザーがキーボードから文字列をタイプしEnterキーを押すと、それを文字列として読み込むという手順は次のようになります。

●ユーザーから入力された文字列を読み込む手順●

①「System.in」を引数にScannerコンストラクタを実行します。

```
Scanner scan = new Scanner(System.in);
```

②nextLineメソッドを実行してキーボードから入力された行を読み込みます。

```
String s = scan.nextLine();
```

③読み込みが終わったらcloseメソッドを実行してScannerクラスのインスタンスを閉じます。

```
scan.close();
```

●実際のプログラムの例●

まず"**データは？ >** "というプロンプトを表示し、それに続いてユーザーがタイプした行をそのまま表示する例を見てみましょう。

Scanner1.java

```
import java.util.Scanner;
public class Scanner1 {
    public static void main(String[] args){
        Scanner scan = new Scanner(System.in); ①
        System.out.print("データは? > "); ②
        String s = scan.nextLine(); ③
        System.out.println("入力: " + s); ④
        scan.close(); ⑤
    }
}
```

①でScannerクラスのインスタンスを生成し、変数scanに代入しています。②でプロンプトとして「データは? > 」を改行なしで出力しています。

③でnextLineメソッドで入力された行を読み込み、④でそれを表示しています。⑤でcloseメソッドを使用して読み込みを終了します。

実行結果

```
データは? > 春夏秋冬【Enter】 ← ユーザーが文字列をタイプ
入力: 春夏秋冬 ← そのまま表示する
```

なお、**nextLineメソッドは1行（改行まで）を読み込みます。**それに対して、**nextメソッドは空白文字（スペースやタブ、改行）までの文字列を読み込みます。**nextメソッドを利用することで、スペース区切りの文字列をユーザーが入力した場合、個別の文字列を読み込めます。次の例を見てみましょう

Scanner2.java（変更部分）

```
System.out.print("データは? > ");
String s = scan.next(); ①
System.out.println("入力1: " + s);
String s2 = scan.next(); ②
System.out.println("入力2: " + s2);
```

①②で2回nextメソッドを実行しています。

たとえば、ユーザーが「春 夏【Enter】」とタイプすると、最初のnextメソッドでは"春"が、次のnextメソッドでは"夏"が読み込まれます。

実行結果

```
データは? > 春 夏【Enter】
入力1: 春
入力2: 夏
```


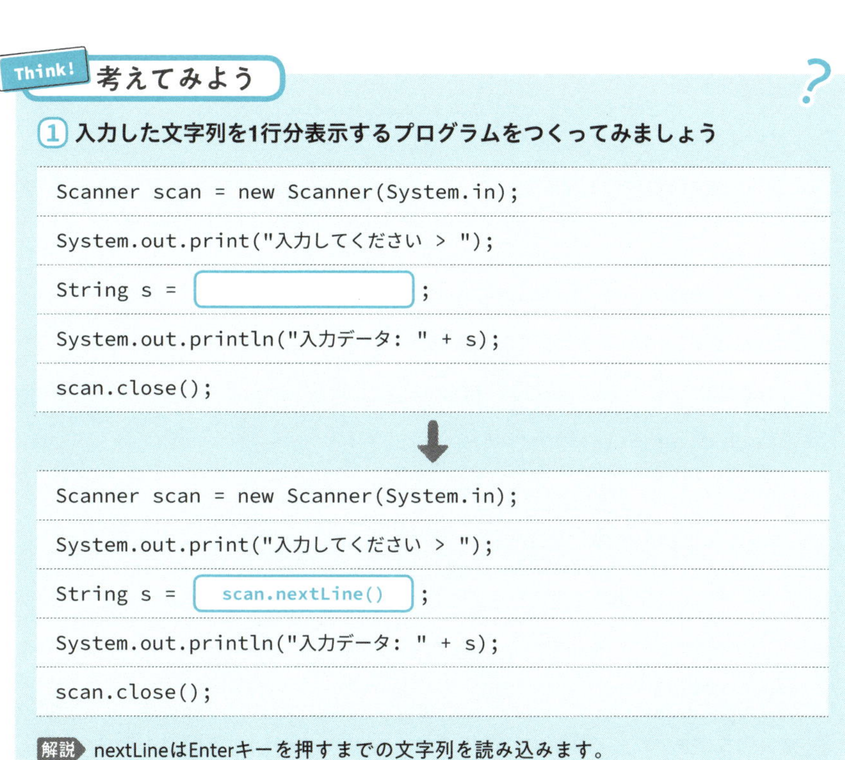

Think! 考えてみよう

① 入力した文字列を1行分表示するプログラムをつくってみましょう

```
Scanner scan = new Scanner(System.in);
System.out.print("入力してください > ");
String s = [          ];
System.out.println("入力データ: " + s);
scan.close();
```

↓

```
Scanner scan = new Scanner(System.in);
System.out.print("入力してください > ");
String s = scan.nextLine();
System.out.println("入力データ: " + s);
scan.close();
```

解説 nextLineはEnterキーを押すまでの文字列を読み込みます。

②「今日の 天気は 晴れ です。」と文節をスペースで区切った文字列を入力し、先頭の3つの文節を文節ごとに表示するプログラムをつくってみましょう

```
Scanner scan = new Scanner(System.in);
System.out.print("入力してください > ");
String s1 = [          ];
System.out.println("入力1: " + s1);
String s2 = [          ];
System.out.println("入力2: " + s2);
String s3 = [          ];
System.out.println("入力3: " + s3);
scan.close();
```

↓

```
Scanner scan = new Scanner(System.in);
System.out.print("入力してください > ");
String s1 = scan.next() ;
System.out.println("入力1: " + s1);
String s2 = scan.next() ;
System.out.println("入力2: " + s2);
String s3 = scan.next() ;
System.out.println("入力3: " + s3);
scan.close();
```

解説 空白文字までの文字列を読み込むときは、nextです。実行すると「入力1: 今日の」、「入力2: 天気は」、「入力3: 晴れ」と表示されます。

平成年を西暦に変換する

Scannerクラスのnext Line、nextメソッドで読み込んだ結果は、**文字列（Stringクラス）になる点に注意してください。**数値として扱うためには、ラッパークラスのparseIntやparseDoubleなどのスタティックメソッドを使用して数値に変換する必要があります。

ユーザーが入力した平成の年を西暦の年に変換して表示する例を見てみましょう。なお、ここではプログラムをシンプルにするために平成年の範囲のチェックは行っていません。

HeiseiToSeireki1.java(mainメソッド部分)

```
public static void main(String[] args){
    Scanner scan = new Scanner(System.in);
    System.out.print("平成年？ > ");
    String s = scan.next(); ①
    int heisei = Integer.parseInt(s); ②
    int seireki = heisei + 1988; ③
    System.out.println("西暦:" + seireki + "年" ); ④
    scan.close();
}
```

①でnextメソッドによりコマンドラインからデータを読み込み、②でIntegerクラスのparseIntメソッドで整数に変換して、変数heiseiに代入しています。③で変数heiseiの値に1988を足して西暦の年に変換し、④で表示しています。

実行結果

```
平成年？ > 30【Enter】 ← 平成年を入力
西暦:2018年 ← 西暦を表示
```

Chapter 4

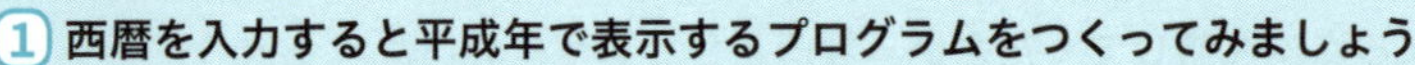

① 西暦を入力すると平成年で表示するプログラムをつくってみましょう

```
Scanner scan = new Scanner(System.in);
System.out.print("西暦を入力してください > ");
String s = [            ];
int seireki = [                    ];
int heisei = [                ];
System.out.println("平成" + heisei + "年" );
scan.close();
```

↓

```
Scanner scan = new Scanner(System.in);
System.out.print("西暦を入力してください > ");
String s = [ scan.next() ];
int seireki = [ Integer.parseInt(s) ];
int heisei = [ seireki - 1988 ];
System.out.println("平成" + heisei + "年" );
scan.close();
```

解説 西暦から平成の年を求めるときは、1988を引きます。

② 今日の日付に任意の日数を加算し、年月日を表示するプログラムをつくってみましょう

```
import java.util.Scanner;
import java.time.LocalDate;
public class DateAdd {
    public static void main(String[] args){
        Scanner scan = new Scanner(System.in);
```

```
        System.out.print("今日の日付に足す日数を入力してください > ");
        String s = [          ];
        int addNum = [          ];
        LocalDate today = LocalDate.now();
        LocalDate targetDay = today.plusDays([          ]);
        System.out.println(targetDay);
        scan.close();
    }
}
```

↓

```
import java.util.Scanner;
import java.time.LocalDate;
public class DateAdd {
    public static void main(String[] args){
        Scanner scan = new Scanner(System.in);
        System.out.print("今日の日付に足す日数を入力してください > ");
        String s = scan.next();
        int addNum = Integer.parseInt(s);
        LocalDate today = LocalDate.now();
        LocalDate targetDay = today.plusDays(addNum);
        System.out.println(targetDay);
        scan.close();
    }
}
```

解説 日付の操作については、P131～138を振り返ってみましょう。

COLUMN

出力先をターミナルに設定する

VS Codeのバージョンによっては、Javaプログラムの出力先が「デバッグコンソール」になる場合があります。「デバッグコンソール」はプログラム実行時にユーザの入力を受け取れません。次のように設定して出力先を「ターミナル」に変更してください。

①「ファイル」メニュー（Macの場合には「Code」メニュー）から「基本設定」→「設定」を選択し設定画面を表示します。

②「機能拡張」の「JavaDebugger」を選択します。

③「Java > Debug > Settings: Console」の「internalConsole」を「integratedTerminal」に変更します。

「Java > Debug > Settings: Console」で「integratedTerminal」に設定

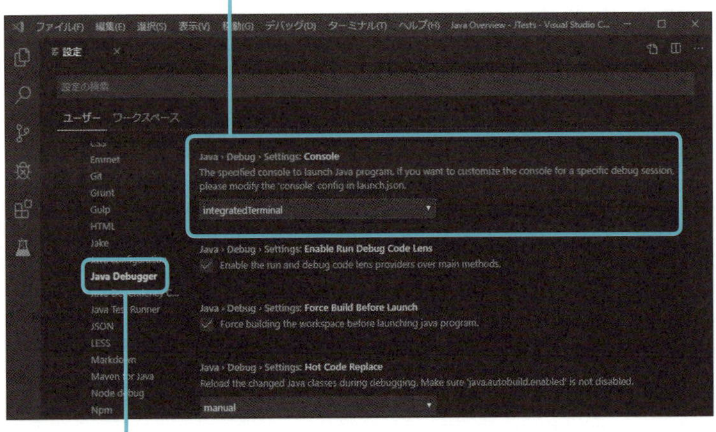

「JavaDebugger」を選択

Chapter 5

条件に応じて処理を変える

プログラムでは、ある条件に応じて処理を変えたり、処理を繰り返したりできます。このChapterでは条件判断を行って処理を分岐させるif文とswitch文について解説します。また実行時に発生するエラーである例外を捕まえる方法についても見てみましょう。

01 if文で条件を判断しよう

Java では、if 文と呼ばれる制御構造を使うことにより「もし○○○ならば△△△を行う」といったように、ある条件を満たした場合になんらかの処理を行うことができます。

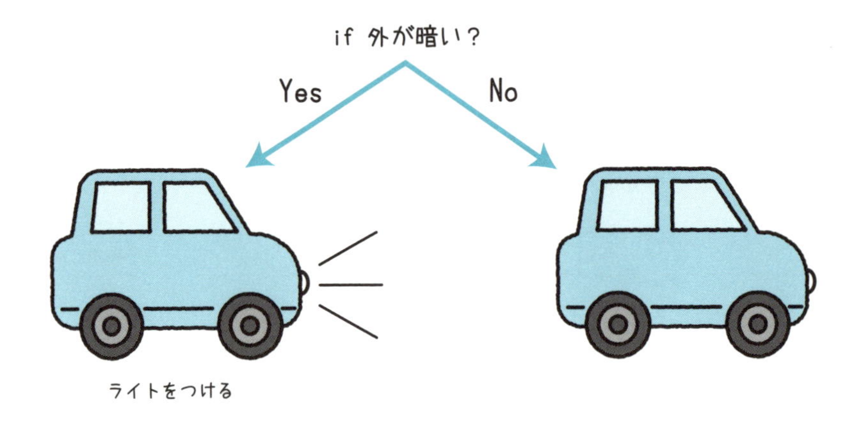

if文の仕組みを知ろう

プログラムは、必ずしも上から下に進んでいくだけではありません。**条件に応じて処理を変更したり、処理を繰り返す**といった場合が少なくありません。それら行う文を**制御構造**と呼びます。まずは、代表的な制御構造として、条件判断を行う**if文**を解説しましょう。

● if文のイメージをつかもう ●

たとえば「自動車のライトをつける」という処理をプログラムで記述したといしましょう。ライトをつけるのはたいていの場合、外が暗いときです。

このような動作をプログラムするときに使うのがif文です。**if文では、ある条件を設定し、その条件を満たす場合に処理を行う**ことができます。

Think! 考えてみよう

1 条件に応じて処理を変えるための方法を覚えましょう

解説 ifは英語で「もしも」という意味です。プログラムでもifを利用して「もし○○だったら」という条件に応じた処理を行えます。

● if文の基本的な構造 ●

if文にはいくつかのバリエーションがありますが、もっとも基本的な構造は次のようになります。

```
if (条件) {
    条件を満たした場合の処理を記述
}
```

ifのあとに「( )」の条件を記述し、それが成り立てばその後ろのブロックが実行されます。前述の外が暗い時にライトをつけるという処理をif文で記述すると次のような流れになります。

```
if (外が暗い) {
    ライトをつける
}
```

Think! 考えてみよう

1 気温が高いときに冷房をつけるという処理を記述してみましょう

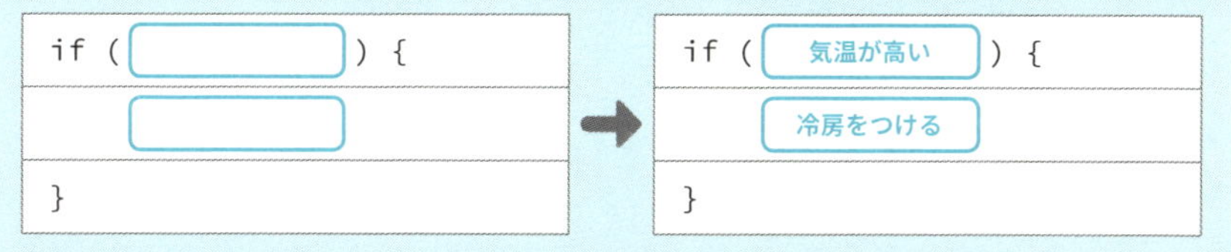

解説 ()のなかに条件、{}のなかに条件に当てはまった時の処理を書きます。

if文を書いてみよう

それでは、実際のif文の記述例を見てみましょう。

●条件が成り立つのは？●

Javaの基本データ型に、true（真）もしくはfalse（偽）のどちらか一方の値を取るboolean型があることは「boolean型」（P94）で説明しました。

boolean 型の取る値

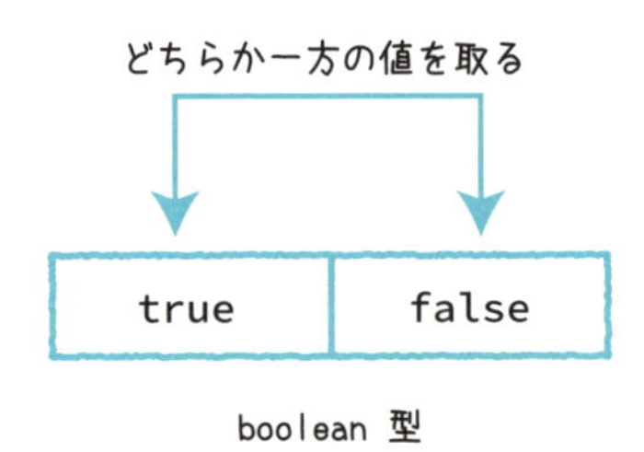

Javaでは条件が成り立つと判断されるのは、**値がboolean型のtrueのとき**です。次の例を見てみましょう。

If1.java(mainメソッド部分)

```
public static void main(String[] args){
    boolean b1 = true;  ←①
    if (b1) {  ←②
        System.out.println("条件成立");  ←③
    }
}
```

①でboolean型の変数b1を宣言し「true」を代入しています。

②のif文の条件にb1を指定しています。b1はtrueなので条件が成り立つと判断され、③でprintlnメソッドで「条件成立」と表示されます。

実行結果

```
条件成立
```

Think! 考えてみよう

① If1.javaのifの条件に「false」を代入してみましょう

```
boolean b1 = [      ];
if (b1) {
    System.out.println("条件成立");
}
```

↓

```
boolean b1 = false;
if (b1) {
    System.out.println("条件成立");
}
```

解説 if文の条件が「false」のとき、ifブロック内の処理は行われません。そのためこのプログラムを実行しても何も出力せずに終了します。

Chapter 5

2つの値を比較する関係演算子

実際のif文の条件判断では、**ある値を別の値と比較してその結果に応じて処理を行う**ということが多いでしょう。このとき使うのが「**関係演算子**」と呼ばれる演算子です。

たとえば「<」は、「～より小さい」ということを調べる関係演算子で、左辺の値が右辺の値より小さければtrueを、そうでなければfalseを戻します。

次のようにすると、変数aの値が4未満のときにtrue、4以上のときにはfalseとなります。

関係演算子「<」の働き

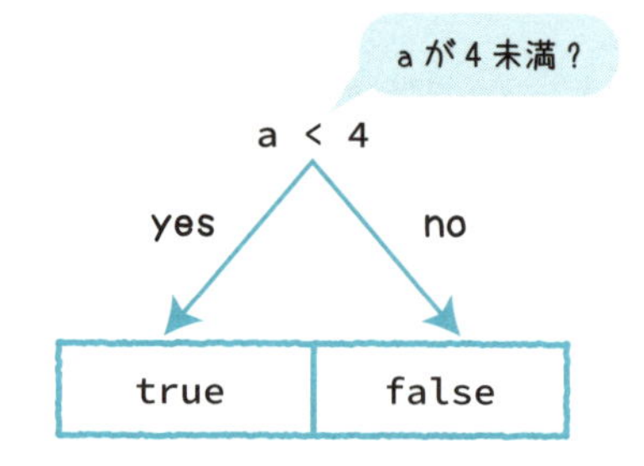

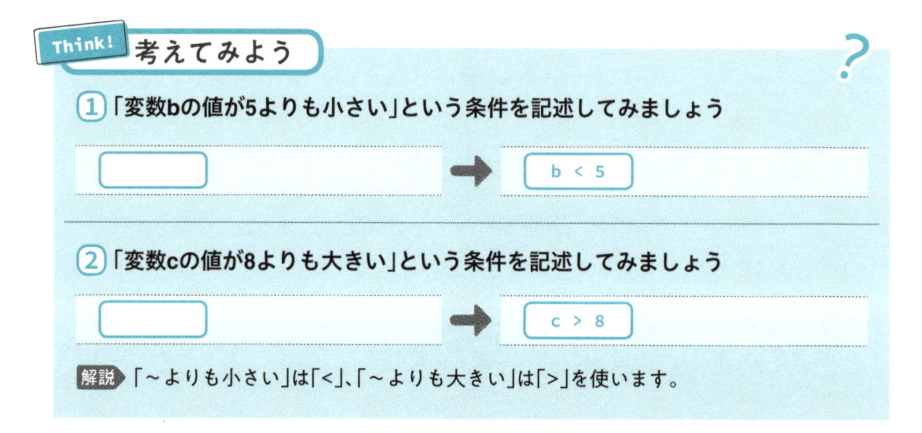

先ほどの例に戻って、暗くなったら自動車のライトをつけるプログラムを考えましょう。次のプログラムでは、明るさを管理する変数brightnessを用意し、その値が4未満であれば外が暗いと判断して「ライトON」と表示します。

If2.java(mainメソッド部分)

```
public static void main(String[] args){
    int brightness = 3; ①
    if (brightness < 4) { ②
        System.out.println("ライトON"); ③
    }
}
```

①でint型の変数brightnessを宣言し、3を代入しています。②ではif文の条件に「brightness < 4」を設定し、変数brightnessの値が4未満の場合にはtrueになるように設定しています。③で条件が成り立てば「ライトON」と表示しています。

実行結果

```
ライトON
```

Think! 考えてみよう

① 明るさが8より大きいときは「ライトOFF」と表示するプログラムを書いてみましょう

```
int brightness = 9;
if (            ) {
    System.out.println("ライトOFF");
}
```

↓

```
int brightness = 9;
if ( brightness > 8 ) {
    System.out.println("ライトOFF");
}
```

解説 実行すると、変数brightnessに9を代入しているため、「ライトOFF」と表示されます。変数や条件を書き換えてみて、プログラムがどのように動作するのか考えてみましょう。

●文がひとつだけのときはブロックにまとめなくてもOK●

If2.javaではif文の条件が成立した場合の処理はひとつだけです。このような場合には「**{ }**」**で囲んだブロックにまとめずに記述してもOK**です。

If2_2.java(一部)

```
if (brightness < 4)
    System.out.println("ライトON");
```

いろいろな関係演算子

2つの値を比較する関係演算子は「<」や「>」以外にも、次の表のものがあります。

関係演算子

演算子	例	説明
==	a == b	aとbは等しい
!=	a != b	aとbは等しくない
>	a > b	aはbよりも大きい
>=	a >= b	aはbよりも大きいか等しい
<	a < b	aはbよりも小さい
<=	a <= b	aはbより小さいか等しい

●値の大小を比較する●

2つの値の大小を判断するときは「>」、「>=」、「<」、「<=」を使用します。**このとき以上や以下を示す「<=」と「>=」は「=」を後ろに書きます。**「=<」や「=>」のように「=」を前に書くことはできないので注意してください。

関係演算子を使って結果を確認する例を見てみましょう。

If3.java(mainメソッド部分)

```
public static void main(String[] args){
    int num1 = 5;
    boolean b1, b2, b3, b4;

    b1 = 5 > num1; ❶
```

```
        b2 = 5 >= num1;
        b3 = 4 < num1;
        b4 = 2 <= num1;
        System.out.println(b1 + " " + b2 + " " + b3 + " " + b4);
    }
```

①では、「5 > num1」の比較結果をb1に代入しています。num1は5なので、「5 > 5」は正しくなく、比較結果はfalseです。そのほかの行でも同様の比較を行っています。

実行結果

```
false true true true
```

Chapter 5

Think! 考えてみよう

① 「変数aの値が3よりも大きい」という条件を記述してみましょう

[　　　] → a > 3

② 「変数aの値が3以上」という条件を記述してみましょう

[　　　] → a >= 3

③ 「変数aの値が7よりも小さい」という条件を記述してみましょう

[　　　] → a < 7

④ 「変数aの値が7以下」という条件を記述してみましょう

[　　　] → a <= 7

解説 以下は「<=」、以上は「>=」となります。

● 値が等しいかどうかを判断する ●

値が等しいかを判断するには「==」を、等しくないかを判断するには「!=」を使用します。

If4.java（main メソッド部分）

```
public static void main(String[] args){
    int num1 = 5;
    boolean b1, b2;

    b1 = 5 == num1;
    b2 = 5 != num1;
    System.out.println(b1 + " " + b2);
}
```

等しいかどうかを判断するには、値を代入するのに使う「=」ではなく、「==」（イコール「=」を2つつなげる）を使います。これは、値を代入する「=」とまちがえやすいので注意してください。

実行結果

```
true false
```

変数num1は5なので、「5 == num1」はtrue、「5 != num1」はfalseになります。

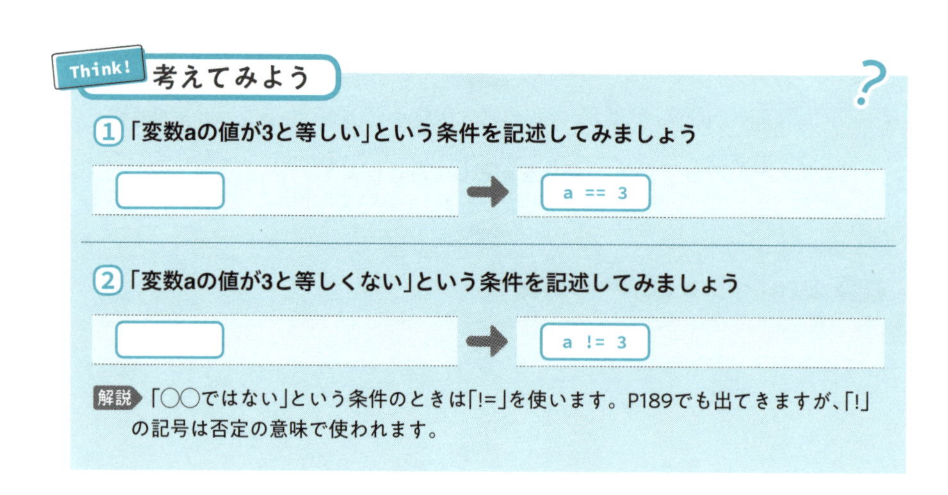

02 if文を活用する

前セクションでif文の基本が理解できたと思います。次に、複数のif文を組み合わせてより細かく条件を設定するといったif文の活用方法について見てみましょう。

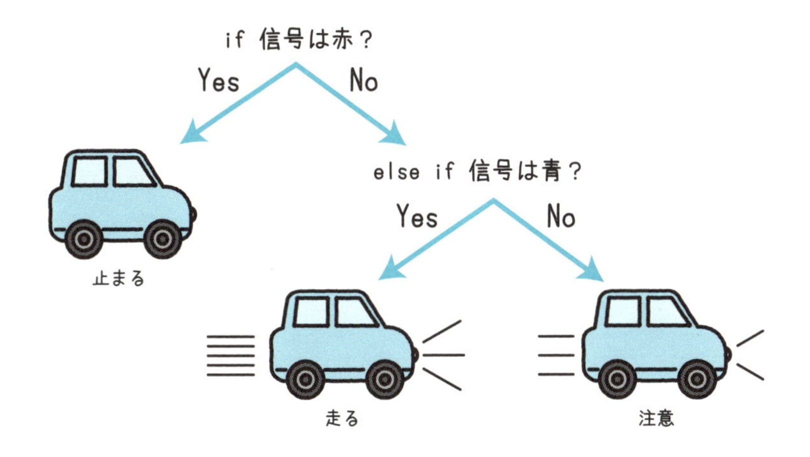

if〜else文を使う

まず、if文のバリエーションであるif〜else文について説明します。**if〜else文を使うと、条件が成り立たなかった場合の処理を記述できます**。つまり、「もし○○○ならば△△△を行う、そうでなければ■■■を行う」という処理を記述できるわけです。

if〜else文の書式

```
if (条件) {
    条件が成り立った場合の処理
} else {
    条件が成り立たなかった場合の処理
}
```

前セクションの例では「外が暗い場合に自動車のライトをつける」という処理を説明しました。これに、条件が成立しない、つまり、「外が暗くない場合にライトを消す」という処理を加えられます。if〜else文で記述すると次のようなイメージになります。

```
if (外が暗い) {
    ライトをつける
} else {
    ライトを消す
}
```

elseの{}にifの条件が成立しないときの処理を書きます。

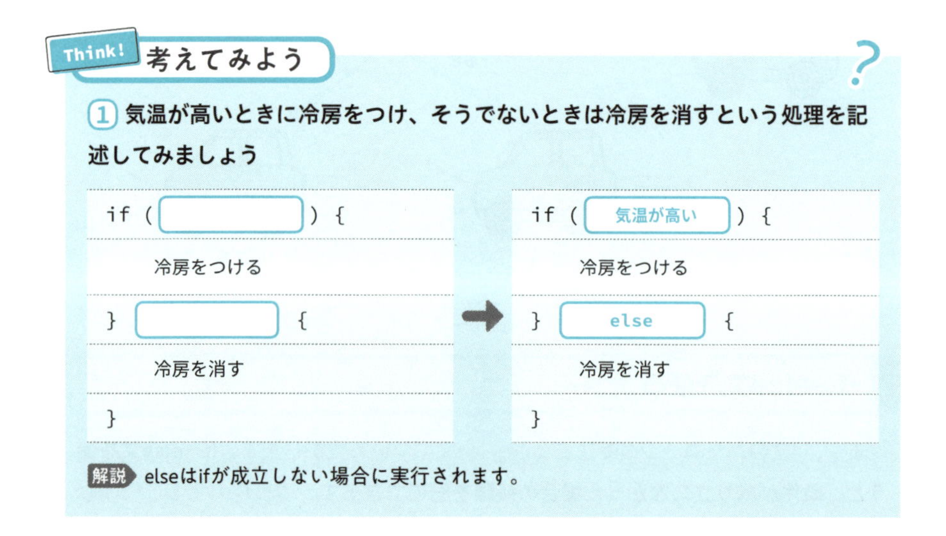

if〜else文を記述してみよう

実際に、If2.java（P172）を変更し、変数brightnessの値が4以上の場合には「ライトOFF」と表示してみましょう。

If5.java(mainメソッド部分)

```
public static void main(String[] args){
    int brightness = 5; ①
    if (brightness < 4) {
        System.out.println("ライトON");
    } else { ②
        System.out.println("ライトOFF"); ③
    }
}
```

①で変数brightnessに5を代入しています。②でelseを追加しています。条件が成り立たなかった場合にelseのブロックの③で「ライトOFF」と表示しています。

この場合は変数brightnessに5が代入されているので、「ライトOFF」と表示されます。brightnessに3を代入すれば「ライトON」と表示されます。書き換えて確かめてみましょう。

実行結果

```
ライトOFF
```

Think! 考えてみよう

① 気温が18度よりも低くなったら暖房をつけ、そうでなければ暖房を消すプログラムを考えてみましょう

```
int temperature = 15; //気温を表す変数
if (          ) {
    System.out.println("暖房をつける");
}          {
    System.out.println("暖房を消す");
}
```

Chapter 5

```
int temperature = 15; //気温を表す変数
if ( temperature < 18 ) {
    System.out.println("暖房をつける");
} else {
    System.out.println("暖房を消す");
}
```

解説 実行すると「暖房をつける」と表示されます。temperatureに20を代入すると「暖房を消す」に結果が変わります。

文字列などオブジェクトを比較するには

Javaでは文字列はStringクラスのインスタンスですが、**文字列の内容が同じかどうかを調べるときは「==」、「!=」といった関係演算子は使えません。**

たとえば、信号機の色（変数color）が「"青"」だった場合に、横断歩道をわたるという処理は、「==」を使って変数colorと文字列"青"を比較してはいけません。

```
String color = new String("青");
if (color == "青" ) {  ← これはNG
    横断歩道をわたる
}
```

ではどうすればよいかについては後述しますが、文字列の"内容"は「==」では比較できないことを押さえておきましょう。

「==」、「!=」をオブジェクトに使用する場合

実は「==」、「!=」は、文字列のようなオブジェクトに対しても使うこともできます。ただし、その場合には文字列の"内容"が同じかどうかではなく、**"同じオブジェクトかどうか"が判断される**のです。次の例を見てみましょう

IfObj1.java(mainメソッド部分)

```
public static void main(String args[]){
    String s1 = new String("java"); ①
    String s2 = s1; ②
    if (s1 == s2) { ③
        System.out.println("s1はs2と同じ");
    } else {
        System.out.println("s1とs2は異なる");
    }
}
```

Chapter 5

①でnew演算子とStringコンストラクタで、文字列"java"を格納したインスタンスを生成し変数s1に代入しています。

②で変数s2にs1を代入しています。こうするとs1とs2は同じオブジェクトを指し示します。

s1とs2は同じオブジェクトのため、③のif文で「s1 == s2」を判定するとtrueとなります。

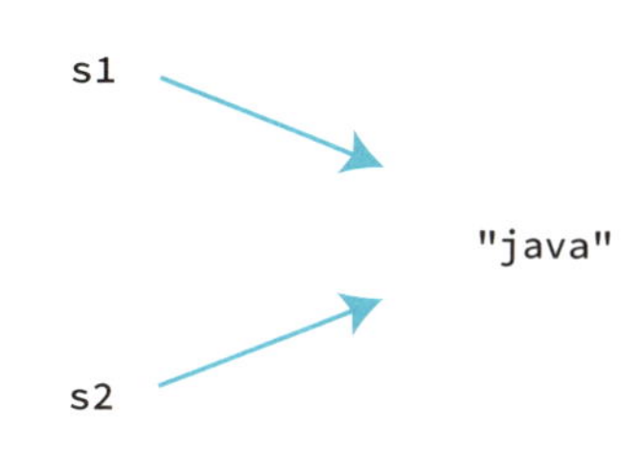

実行結果

```
s1はs2と同じ
```

Think! 考えてみよう

① Date型のオブジェクトを比較してみましょう

```
java.util.Date date1 = new java.util.Date();
java.util.Date date2 = date1;
if (                ) {
    System.out.println("date1はdate2と同じ");
} else {
    System.out.println("date1はdate2は異なる");
}
```

```
java.util.Date date1 = new java.util.Date();
java.util.Date date2 = date1;
if ( date1 == date2 ) {
    System.out.println("date1はdate2と同じ");
} else {
    System.out.println("date1はdate2は異なる");
}
```

解説 文字列でなくても、オブジェクトの比較の場合は同じです。この場合は代入された変数は同じオブジェクトを指すため、比較すると「true」を返します。

●「==」が内容の比較でないことを確認する●

ここで、IfObj1.javaの②を次のように変更してみましょう。

IfObj2.java（一部）

```
String s1 = new String("java"); ←1
String s2 = new String("java"); ←2（変更する）
if (s1 == s2) { ←3
```

変更後の②では、①と同じくnew演算子で"java"を格納したStringクラスのインスタンスを生成しています。こうするとs2とs1は異なるオブジェクトを指し示します。

s1 → "java"
s2 → "java"

文字列の内容はどちらも"java"ですが、③のif文の関係演算子「==」で比較すると異なるオブジェクトと判定されます。

実行結果

```
s1とs2は異なる
```

少しややこしいですが、変数s1と変数s2に右のようなリテラル形式（P111）で同じ文字列を代入した場合には、コンパイラーが同じオブジェクトを指し示すようなコードを生成します。

```
String s1 = "java";
String s2 = "java";
```

そのため、この場合は「s1 == s2」はtrueとなります。一般に文字列の比較に「==」を使うことはあまりありませんが、リテラル形式での代入と、new演算子を使った場合では「==」の比較結果が異なることがある点は頭の片隅に置いておいてください。

Think! 考えてみよう

1 Date型のオブジェクトを比較してみましょう

```
java.util.Date date1 = new java.util.Date();
java.util.Date date2 = new java.util.Date();
if (                ) {
    System.out.println("date1はdate2と同じ");
} else {
    System.out.println("date1はdate2は異なる");
}
```

↓

```
java.util.Date date1 = new java.util.Date();
java.util.Date date2 = new java.util.Date();
if ( date1 == date2 ) {
    System.out.println("date1はdate2と同じ");
} else {
    System.out.println("date1はdate2は異なる");
}
```

解説 Date型であっても別々にインスタンスを生成した場合、指し示すオブジェクトは別になります。このため、「date1」と「date2」を「==」で比較するとfalseになります。

文字列の比較はequalsメソッドで

Stringクラスのインスタンスに格納された文字列の内容が同じかどうかを調べるには、「==」ではなく**Stringクラスのequalsメソッドを使います。**

文字列を比較するメソッド

メソッド	戻り値	説明
equals(オブジェクト)	boolean	文字列を比較して等しい場合にはtrue、そうでない場合にはfalseを戻す

IfObj2.javaを「==」の代わりにequalsメソッドで比較するように変更すると次のようになります。

IfObj3.java(mainメソッド部分)

```
public static void main(String args[]){
    String s1 = new String("java");
    String s2 = new String("java");
    if (s1.equals(s2)) { ①
        System.out.println("s1はs2と同じ");
    } else {
        System.out.println("s1とs2は異なる");
    }
}
```

①でif文の条件にequalsメソッドを使用して変数s1と変数s2を比較しています。条件は成立し、同じ文字列と判定されます。

実行結果

```
s1はs2と同じ
```

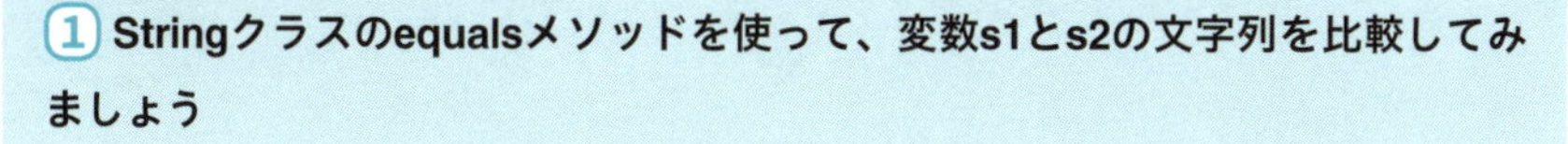


```
String s1 = new String("こんにちは");
String s2 = new String("こんばんは");
if (                ) {
    System.out.println("s1はs2と同じ");
} else {
    System.out.println("s1とs2は異なる");
}
```

↓

```
String s1 = new String("こんにちは");
String s2 = new String("こんばんは");
if ( s1.equals(s2) ) {
    System.out.println("s1はs2と同じ");
} else {
    System.out.println("s1とs2は異なる");
}
```

解説 実行すると「s1とs2は異なる」と表示されます。

② equalsメソッドを使って、変数s1と文字列「こんばんは」を比較してみましょう

```
String s1 = new String("こんにちは");
if (                ) {
    System.out.println("s1と同じ");
} else {
    System.out.println("s1と異なる");
```

Chapter 5

```
}
```

↓

```
String s1 = new String("こんにちは");
if ( s1.equals("こんばんは") ) {
    System.out.println("s1と同じ");
} else {
    System.out.println("s1と異なる");
}
```

解説 equalsメソッドの引数には、文字列リテラルを直接記述することもできます。実行すると、「s1と異なる」と表示されます。

if〜else文を組み合わせて処理を3つ以上に分けるには

次のように、**複数のif〜else文を組み合わせて使用することにより、より細かく処理を分岐させる**ことができます。

```
if (条件1) {
    条件1が成り立った場合の処理
} else if (条件2) {
    条件2が成り立った場合の処理
} else if (条件3) {
    条件3が成り立った場合の処理
} else if (条件4) {
    ⋮
} else {
    すべての条件が成り立たなかった場合の処理
}
```

●信号機の色に応じてメッセージを表示する●

変数colorに信号機の色が代入されているとして、色に応じて「止まれ」、「進め」、「注意」と表示する例を見てみましょう。

Signal1.java(mainメソッド部分)

```
public static void main(String args[]){
    String color = "黄"; ①
    if (color.equals("赤")) { ②
        System.out.println("止まれ");
    } else if (color.equals("青")) {
        System.out.println("進め");
    } else if (color.equals("黄")) {
        System.out.println("注意");
    } else { ③
        System.out.println("色名が不適切です");
    }
}
```

①で変数colorに色名を代入しています。②以降では**if文にequalsメソッドを使用して変数colorと色名を比較して対応するメッセージを表示**しています。

変数colorの値が"赤"、"青"、"黄"以外の場合には、③のelseのブロックが実行され「色名が不適切です」と表示しています。

実行結果

```
注意
```

Think! 考えてみよう

① 年齢に応じて年代を表示するプログラムを作成してみましょう

```
int age = 34;
if (          ) {
    System.out.println("未成年");
} else if (          ) {
    System.out.println("20代");
} else if (          ) {
    System.out.println("30代");
```

Chapter 5

```
} else if (           ) {
    System.out.println("40代");
} else if (           ) {
    System.out.println("50代");
} else {
    System.out.println("60歳以上");
}
```

↓

```
int age = 34;
if ( age < 20 ) {
    System.out.println("未成年");
} else if ( age < 30 ) {
    System.out.println("20代");
} else if ( age < 40 ) {
    System.out.println("30代");
} else if ( age < 50 ) {
    System.out.println("40代");
} else if ( age < 60 ) {
    System.out.println("50代");
} else {
    System.out.println("60歳以上");
}
```

解説 if～else if文のelse ifブロックは、前のifの条件に当てはまっていないという前提があります。たとえば、単に「if (age < 40)」と記述した場合は、40未満のすべての数が条件を満たしますから、未成年も20代もあてはまります。

ところが、このプログラムでは「if (age < 20)」と「else if (age < 30)」が先に記述されているため、「else if (age < 40)」の箇所ではすでに未成年と20代は弾かれています。そのため30代であると確定できます。if～else if文を記述する際に混乱しやすいので、注意しましょう。

条件を否定したり、組み合わせたり

if文では**複数の条件を組み合わせて判定することができます**。たとえば、「年齢が7歳未満」もしくは「60歳以上」に入場料は無料といった処理が可能です。

```
if (7歳未満もしくは60歳以上) {
    入場料が無料
}
```

条件を組み合わせたり、否定したりするには「論理演算子」という種類の演算子を使用します。論理演算子は、boolean型の値、つまりtrueとfalseに対して演算を行う演算子です

論理演算子

演算子	意味	例	説明
!	否定	!a	aの値を反転する（aがtrueであればfalseを、falseであればtrueを戻す）
&&	論理積	a && b	aかつb（aとbの両方がtrueであればtrueを、そうでなければfalseを戻す）
||	論理和	a || b	aもしくはb（aとbのどちらかがtrueであればtrueを、両方がfalseであればfalseを戻す）

前述の「**7歳未満もしくは60歳以上の入場料は無料**」の例は右のように書くことができます。

```
if (7歳未満 || 60歳以上) {
    入場料が無料
}
```

逆に、「**7歳以上かつ60歳未満の入場料は有料**」という書き方をする場合は、右のようになります。

```
if (7歳以上 && 60歳未満) {
    入場料が有料
}
```

「**土曜日以外の入場料は無料**」という場合は、右のようになります。

```
if (!土曜日) {
    入場料が無料
}
```

「!」だけは複数の条件を結びつけるのではなく、単体の条件を反転する際に使用する点に注意しましょう。

論理演算子の結果を確認する

では実際に、2つのboolean型の値に対して論理演算子を使用して結果を確認する例を見てみましょう。

Logical1.java(mainメソッド部分)

```
public static void main(String args[]){
    boolean b1 = true;
    boolean b2 = false;
    System.out.println("!b1: " + !b1); ①
    System.out.println("b1 && b2: " + (b1 && b2)); ②
    System.out.println("b1 || b2: " + (b1 || b2)); ③
}
```

①で「!」、②で「&&」、③で「||」を使用しています。

この時、②と③はそれぞれ「(b1 && b2)」と「(b1 || b2)」が「( )」で囲まれている点に注意してください。

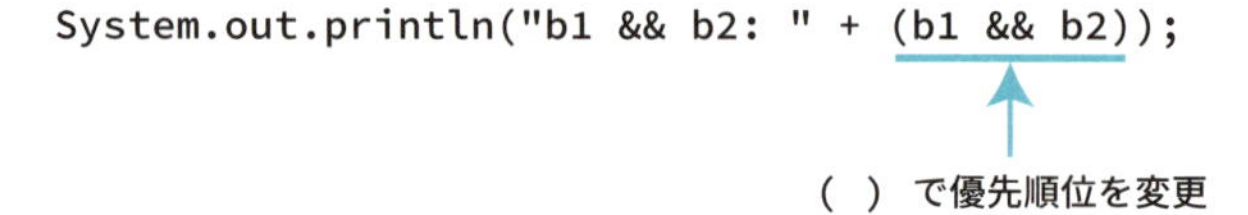

論理演算子は+演算子より優先順位が低いため「( )」で囲って先に処理しています。

実行結果

```
!b1: false
b1 && b2: false
b1 || b2: true
```

「!」がtrueとfalseの反転、「&&」が両方がtrueかの判定、「||」がどちらか片方でもtrueかの判定を行っていることがわかります。

Think! 考えてみよう

1 すべてがtrueになるように論理演算子を入れてみましょう

boolean b1 = true;	→	boolean b1 = true;
boolean b2 = false;		boolean b2 = false;
b1 [　] b2		b1 [||] b2
b1 && [　] b2		b1 && [!] b2

解説 b1がtrue、b2がfalseなので、「b1 && b2」はfalseになります。「b1 || b2」とした場合か、「b1 && !b2」とb2を反転した場合にtrueとなります。

年齢に応じた入場料を表示する

論理演算子の実際の使用例として、年齢に応じて表のような入場料を表示する例を見てみましょう。

年齢と料金

年齢	料金
7歳未満	無料
60歳以上	無料
13歳未満	1000円
その他	2000円

AdmissionFee.java(mainメソッド部分)

```
public static void main(String args[]){
    int age = 15; ①
    int fee; ②
    if (age < 7 || age >= 60){ ③
        fee = 0;
    } else if (age < 13) { ④
        fee = 1000;
    } else { ⑤
        fee = 2000;
    }
    System.out.println("入場料: " + fee + "円");
}
```

①で年齢を管理するint型の変数ageを宣言し年齢を代入しています。②で料金を格納するint型の変数feeを宣言しています。

③でif文の「( )」内に「age < 7 || age >= 60 」を指定し、「7歳未満もしくは60歳以上」という条件を設定してfeeに0を代入しています。④で13歳未満の場合にfeeに1000を代入しています。⑤がそれ以外の場合、つまり13歳以上～60歳未満の場合にfeeに2000を代入しています。

実行結果

```
入場料: 2000円
```

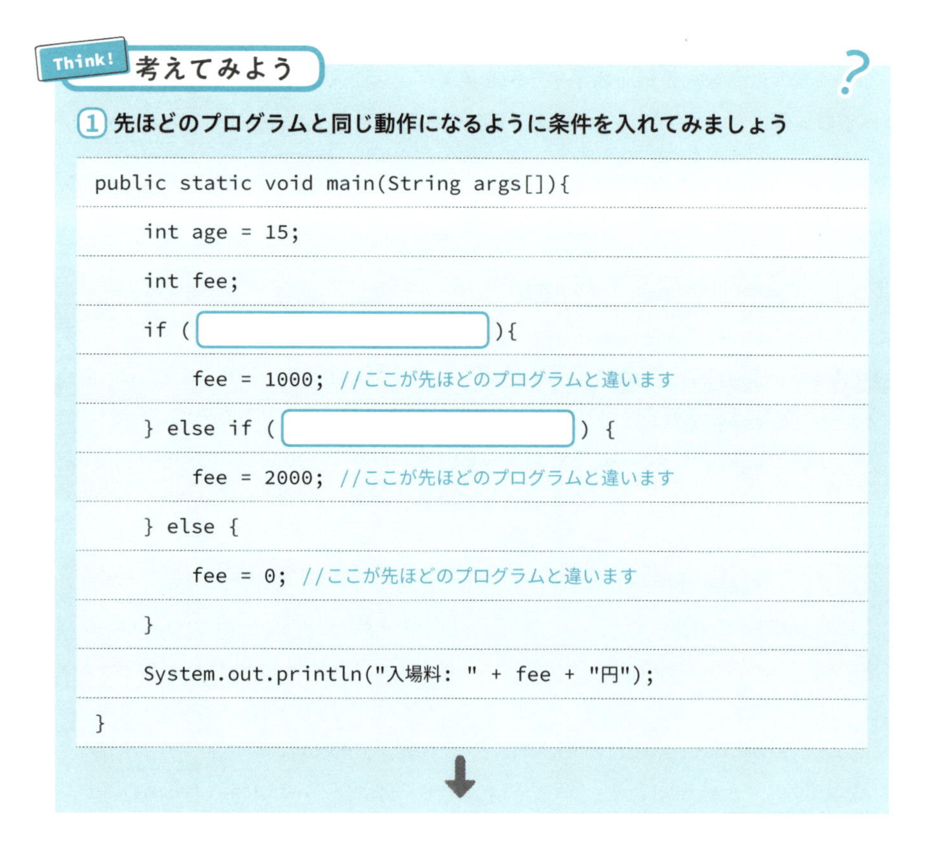

Think! 考えてみよう

① 先ほどのプログラムと同じ動作になるように条件を入れてみましょう

```
public static void main(String args[]){
    int age = 15;
    int fee;
    if (              ){
        fee = 1000; //ここが先ほどのプログラムと違います
    } else if (              ) {
        fee = 2000; //ここが先ほどのプログラムと違います
    } else {
        fee = 0; //ここが先ほどのプログラムと違います
    }
    System.out.println("入場料: " + fee + "円");
}
```

```
public static void main(String args[]){
    int age = 15;
    int fee;
    if ( age >= 7 && age < 13 ){
        fee = 1000;
    } else if ( age >= 13 && age < 60 ) {
        fee = 2000;
    } else {
        fee = 0;
    }
    System.out.println("入場料: " + fee + "円");
}
```

解説 入場料が1000円になるのは「7歳以上かつ13歳未満」の場合なので、それを条件にします。2000円になるのは「13歳以上かつ60歳未満」です。elseは結果的に「7歳未満または60歳以上」の場合に処理が行われることになります。

Chapter 5

switch文で細かく処理を分岐させる

if 文と並んでしばしば使用される条件判断の制御構造に switch 文があります。このセクションでは switch 文を使用して変数の値に応じて処理を分岐させる方法を説明します。

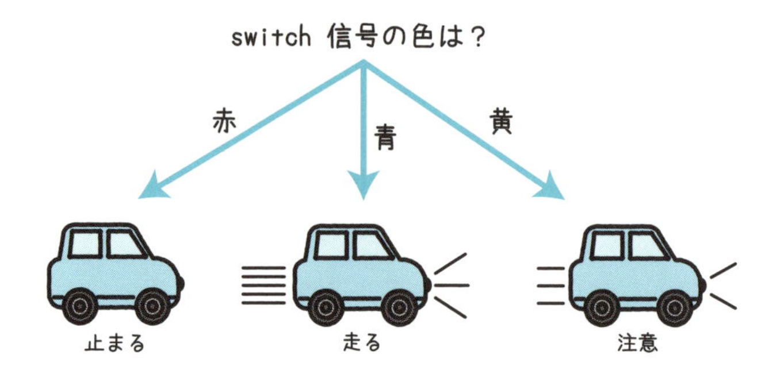

switch文の使い方

switch文を使うと、**式の結果や変数の値に応じて、処理を細かく分岐させることができます。**値が「1」のときは「処理a」を、値が「2」のときは「処理b」を、値が「3」のときは「処理c」を行うといったことができます。まず、右のswitch文の構造を見てみましょう。

たとえば、switchの「( )」内に記述した変数の値が「値2」のときは対応するcase文にジャンプして処理を実行し、**break文**でswitch文のブロックを抜けます。

switch 文の構造

```
switch （変数） {
    case 値1:
        値が値1の場合の処理
        break;
    case 値2:
        値が値2の場合の処理
        break;
    ⋮
    case 値N:
        値が値Nの場合の処理
        break;
    default:
        いずれの値にも一致しない場合の処理
}
```

switch文の処理の流れ(値2の場合)

```
switch ( 変数 ) {
    case 値1:
        値が値 1 の場合の処理
        break;
    case 値2:
        値が値 2 の場合の処理      ← 変数の値が「値 2」の場合に実行
        break;
        ⋮
    case 値N:
        値が値 N の場合の処理
        break;
    default:
        いずれの値にも一致しない場合の処理
}
break 文でブロックを抜ける ←
```

case文の値に一致するものがなかった場合には、最後の「**default**」で指定した処理が実行されます。

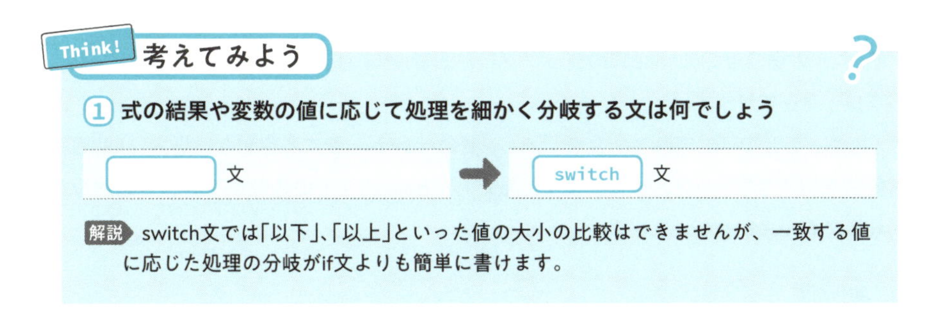

信号機の色をswitch文で判断する

switch文はif文での処理を置き換えられる場合があります。変数colorに代入した信号機の色に対応したメッセージを表示するSignal1.java（P187）を、if文の代わりにswitch文で書き直すと次のようになります。

Signal2.java(mainメソッド部分)

```
public static void main(String args[]){
    String color = "赤";
    switch(color){ ①
        case "青":
            System.out.println("進め");
            break;
        case "赤": ②
            System.out.println("止まれ"); ③
            break; ④
        case "黄":
            System.out.println("注意");
            break;
        default: ⑤
            System.out.println("信号にない色です");
    }
}
```

①で変数colorをswitch文の( )内に指定しています。これで、たとえば変数colorの値が"赤"の場合は②のcase文にジャンプし、③で「止まれ」と表示して④のbreak文でブロックを抜けます。

なお、ここでは⑤でdefault文を記述し、変数colorと一致する色がない場合には「信号にない色です」と表示しています。ただし、**default文での処理が不要なら記述しなくてもかまいません。**

実行結果

```
止まれ
```

Think! 考えてみよう

① switch文を使って、「いぬ」、「ひよこ」、「ねこ」の3種類の動物に応じて鳴き声を表示するプログラムを作成してみましょう

```
String animal = "いぬ";
switch(          ){
    case          :
        System.out.println("わんわん");
        break;
    case          :
        System.out.println("ぴよぴよ");
        break;
    case          :
        System.out.println("にゃんにゃん");
        break;
}
```

↓

```
String animal = "いぬ";
switch( animal ){
    case "いぬ" :
        System.out.println("わんわん");
        break;
    case "ひよこ" :
        System.out.println("ぴよぴよ");
        break;
    case "ねこ" :
        System.out.println("にゃんにゃん");
        break;
}
```

解説 変数animalの値にあわせて表示する鳴き声を分岐しています。

② さらに「うま」の場合は「ひひーん」と表示し、いぬ、ひよこ、ねこ、うま以外の動物の場合は「新種の動物です！」と表示してみましょう。

```
String animal = "うま";
switch(animal){
    case "いぬ":
        System.out.println("わんわん");
        break;
    case "ひよこ":
        System.out.println("ぴよぴよ");
        break;
    case "ねこ":
        System.out.println("にゃんにゃん");
        break;
    case [          ]:
        [                              ];
        break;
    [          ]:
        System.out.println("新種の動物です！");
}
```

↓

```
String animal = "うま";
switch(animal){
    case "いぬ":
        System.out.println("わんわん");
        break;
    case "ひよこ":
```

```
        System.out.println("ぴよぴよ");
        break;
    case "ねこ":
        System.out.println("にゃんにゃん");
        break;
    case  "うま" :
       System.out.println("ひひーん") ;
        break;
    default :
        System.out.println("新種の動物です！");
}
```

解説 caseにない値の場合は、defaultの処理が実行されます。

今日は営業中？

switch文のブロックを途中で抜けるには必ずbreak文が必要です。**case文の処理の最後にbreak文を記述しない場合には、次のcase文の処理に進んでいきます。**この性質を利用すると複数の値に同じ処理を行うことができます。

今日の曜日に応じて、表のようなルールで「通常営業」、「午後のみ営業」、「休業」とメッセージを表示する例を見てみましょう。

曜日とメッセージの関係

曜日	メッセージ
月、火、木、金	通常営業
水曜日	午後のみ営業
土、日	休業

Holidays1.java

```
import java.time.LocalDate; ①
public class Holiday1 {
    public static void main(String args[]){
        // 今日の日付を生成
        LocalDate today = LocalDate.now(); ②
        switch(today.getDayOfWeek()){ ③
            case MONDAY: ④
            case TUESDAY:
            case THURSDAY:
            case FRIDAY:
                System.out.println("通常営業"); ⑤
                break; ⑥
            case WEDNESDAY:
                System.out.println("午後のみ営業");
                break;
            case SATURDAY: ⑦
            case SUNDAY:
                System.out.println("休業");
        }
    }
}
```

①で日付を管理するLocalDateクラス（P131）をインポートしています。②でnowメソッドを実行し、今日の日付のLocalDateクラスのインスタンスを生成して、変数todayに代入しています。

③のswitch文の「(today.getDayOfWeek())」では、変数todayのgetDayOfWeekメソッドを実行して今日の曜日を取得しています。getDayOfWeekメソッドの戻り値は、MONDAY～SUNDAYの列挙型（P135）です。このように**switch文では列挙型の値で処理を分岐させることができます。**

④ではcase文を4つ並べて、曜日がMONDAY（月曜）、TUESDAY（火曜）、THURSDAY（木曜）、FRIDAY（金曜）の場合に、⑤で「通常営業」と表示し、⑥のbreak文でブロックを抜けています。同様にWEDNESDAY（水曜）の場合は、「午後の

み営業」と表示してbreak文でブロックを抜けています。

⑦では、曜日がSATURDAY（土曜）とSUNDAY（日曜）の場合に「休業」と表示しています。**ブロック内のこの後ろには文はもうないのでbreak文は不要です。**

実行結果

```
午後のみ営業
```
水曜日に実行した場合

Think! 考えてみよう

① 先の例題Holidays1.javaの営業日を、次の表に沿って変更してみましょう

曜日	メッセージ	曜日	メッセージ
月曜日	通常営業	金曜日	通常営業
火曜日	通常営業	土曜日	9時～12時
水曜日	休業	日曜日	休業
木曜日	9時～12時		

```
LocalDate today = LocalDate.now();
switch(today.getDayOfWeek()){
    case [          ] :
    case [          ] :
    case [          ] :
        System.out.println("通常営業");
        break;
    case [          ] :
    case [          ] :
        System.out.println("休業");
        break;
    case [          ] :
    case [          ] :
        System.out.println("9時～12時");
        break;
}
```

Chapter 5

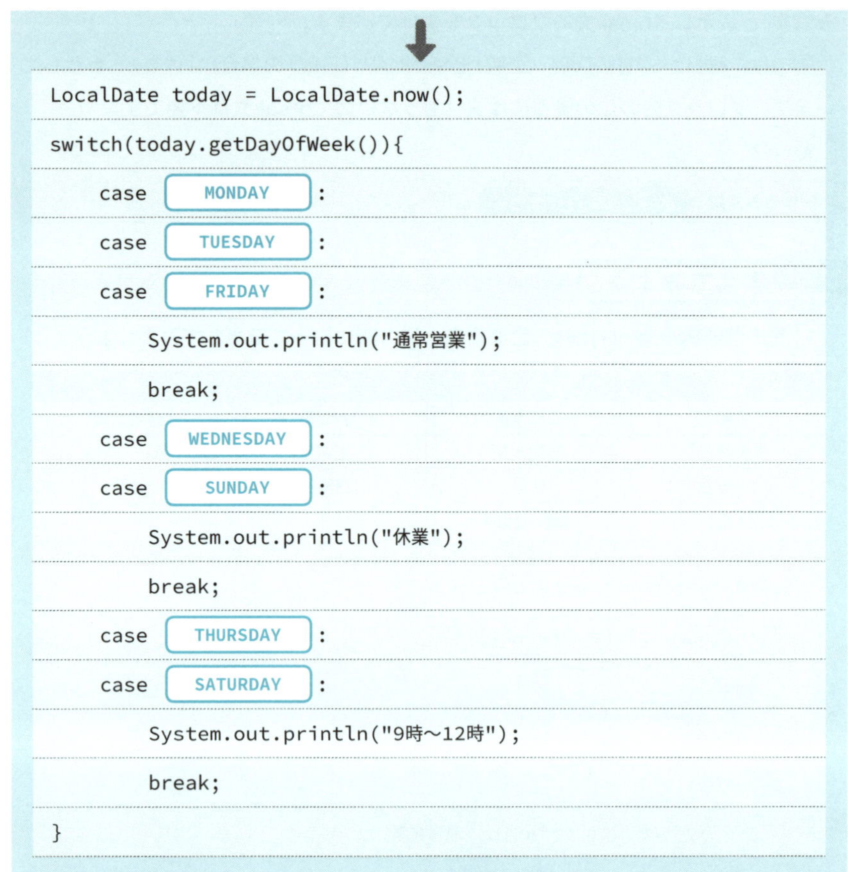

解説 本文でも解説しているようにtoday.getDayOfWeek()の値は文字列ではなく列挙型なので、case文で「"SUNDAY"」や「"MONDAY"」のように""で囲んではいけません。""で囲むと文字列として扱われるため、エラーが発生するので注意しましょう。

② 文字によって表示を変えるプログラムを、次の表に沿って作成してみましょう

成績	メッセージ	成績	メッセージ
S、A	優秀	E	不合格
B、C、D	合格	その他	職員室に来てください

```
char seiseki = 'A';
switch(          ){
    case      :
    case      :
        System.out.println("優秀");
        break;
    case      :
    case      :
    case      :
        System.out.println("合格");
        break;
    case      :
        System.out.println("不合格");
        break;
             :
        System.out.println("職員室に来てください");
}
```

↓

```
char seiseki = 'A';
switch( seiseki ){
    case 'S' :
    case 'A' :
        System.out.println("優秀");
        break;
    case 'B' :
    case 'C' :
    case 'D' :
        System.out.println("合格");
        break;
    case 'E' :
        System.out.println("不合格");
        break;
    default :
        System.out.println("職員室に来てください");
}
```

解説 switch文の分岐には、char型の文字を条件に使うことができます。char型の文字の場合はシングルクォーテーション「'」で囲みます。

例外処理でエラーを捕まえる

プログラムの実行時に何らかのエラーが発生することがあります。このセクションでは、そのエラーを捕まえて処理する例外処理の基礎について解説しましょう。

例外処理とは

プログラムの実行時に何らかのエラーが発生すると停止します。そのようなエラーを「**例外**(Exception)」、例外を捕まえて処理することを「**例外処理**」といいます。

プログラムの実行時に例外が発生することを「**例外がスローされる**」といいます。つまり、例外処理とは「**スローされた例外を捕まえて、あと始末をすること**」と考えるとよいでしょう。

try〜catch文でトライしてキャッチする

例外処理には**try〜catch**文を使用します。

```
try {
        例外が発生するかもしれない処理
} catch (例外クラス名 変数名) {
        例外を捕まえた場合の処理
}
```

tryのブロック内にエラーが発生する可能性がある処理を記述して、エラーが起こった際、つまり**例外がスローされた際にcatchブロックで捕まえます。**「トライ(try)」して「キャッチ(catch)」すると覚えておくとよいでしょう。

たとえば、「急に雨が降ってきたので傘をさそうとしたら、壊れていたのでコンビニに駆け込んだ」という行動を、try～catch文で表すと次のようになります。

try ～ catch 文のイメージ

try {
雨が降ってきたので傘をさす
} catch (～){
傘が壊れていたのでコンビニで雨宿りする
}

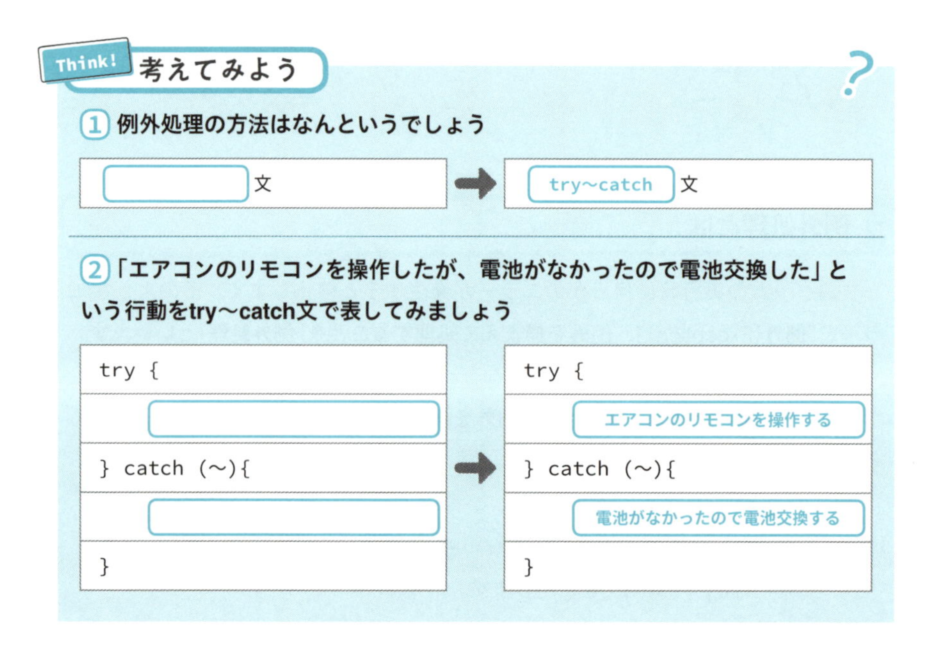

例外はオブジェクト

Javaでは、**例外は「例外クラス」と呼ばれるクラスのインスタンス**、つまり**オブジェクトです**。catchの後ろの「( )」内には**例外クラスのクラス名**と、**スローされた例外のインスタンスを入れる変数名**を記述します。

まずは例外を発生させてみましょう。たとえば、算数では数を「0」で割ることはできません。これはJavaでも同じです。次のプログラムを見てみましょう。

Exception1.java(mainメソッド部分)

```
public static void main(String args[]){
    int num1 = 5;
    int num2 = num1 / 0; ①
    System.out.println(num2); ②
    System.out.println("プログラムの最後です"); ③
}
```

①で変数num1の値を0で割って変数num2に代入しようとしています。これを実行すると次のようなエラーメッセージが表示され、プログラムは途中で停止します。

実行結果

```
Exception in thread "main" java.lang.ArithmeticException: / by zero
    at Exception1.main(Exception1.java:4)
```

このメッセージは**整数を0で割った(/ by zero)ことによって「java.lang.ArithmeticException」クラスの例外がスローされた**という意味です。プログラムはエラーで中断したため、②と③は実行されません。

●try〜catchで例外を捕まえる●

前述のException1.javaにtry〜catch文による例外処理を追加してみましょう。

Exception2.java(mainメソッド部分)

```
public static void main(String args[]){
    int num1 = 5;
    try { ①
        int num2 = num1 / 0;
        System.out.println(num2);
    } catch (ArithmeticException e){ ②
        System.out.println("例外: " + e); ③
    }
    System.out.println(" プログラムの最後です "); ④
}
```

①のtryブロックの内部で、変数num1の値を0で割っています。②のcatchで**ArithmeticExceptionクラスの例外をキャッチして、そのインスタンスを変数eに代入しています。**③でその内容を表示しています。

このプログラムを実行すると、例外が適切にキャッチされ、③でその内容が表示されます。プログラムはそのまま実行を続け、④で「プログラムの最後です」と表示されます。

実行結果

```
例外 : java.lang.ArithmeticException: / by zero
プログラムの最後です
```

③の結果
④の結果

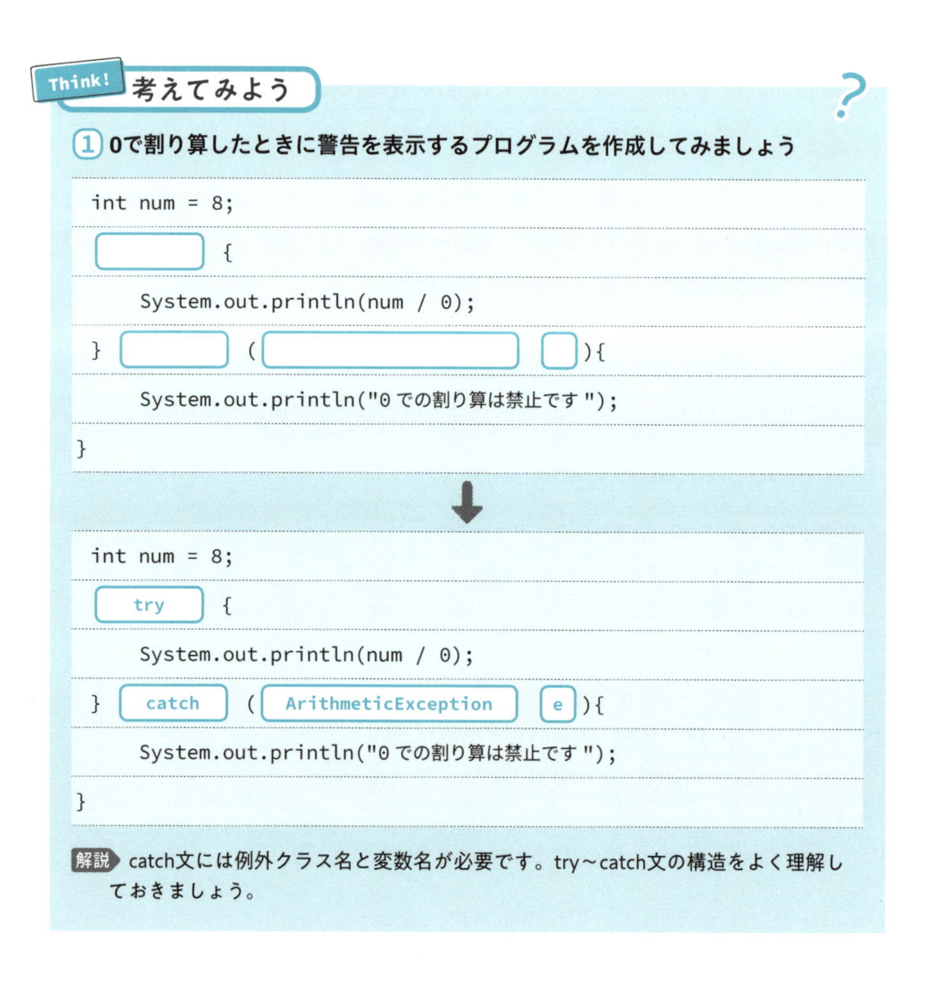

Think! 考えてみよう

① 0で割り算したときに警告を表示するプログラムを作成してみましょう

```
int num = 8;
[      ] {
    System.out.println(num / 0);
} [      ] ([      ] [ ]){
    System.out.println("0 での割り算は禁止です ");
}
```

↓

```
int num = 8;
try {
    System.out.println(num / 0);
} catch (ArithmeticException e){
    System.out.println("0 での割り算は禁止です ");
}
```

解説 catch文には例外クラス名と変数名が必要です。try～catch文の構造をよく理解しておきましょう。

文字列を数値に変換する場合の例外を処理する

もう少し実践的な例外処理の使用例を示しましょう。P163では平成年を入力し西暦に変換する「HeiseiToSeireki1.java」を紹介しました。

HeiseiToSeireki1.java(mainメソッド部分)

```
public static void main(String[] args){
    Scanner scan = new Scanner(System.in);
    System.out.print("平成年? > ");
    String s = scan.next();
    int heisei = Integer.parseInt(s); ❶
    int seireki = heisei + 1988;
    System.out.println("西暦:" + seireki + "年" );
    scan.close();
}
```

このプログラムを実行し、「平成年? > 」に続いて"abc"などの文字列を入力してEnterキーを押すとエラーで停止します。

実行結果

```
平成年? > abc【Enter】 ← 整数に変換できない文字列を入力
Exception in thread "main" java.lang.NumberFormatException: For input string: "abc"
        at java.base/java.lang.NumberFormatException.forInputString(NumberFormatException.java:68)
        at java.base/java.lang.Integer.parseInt(Integer.java:658)
        at java.base/java.lang.Integer.parseInt(Integer.java:776)
        at HeiseiToSeireki1.main(HeiseiToSeireki1.java:7)
```

①の**Integerクラスのparselntメソッドを実行する時点で、整数に変換できないため「NumberFormatException」という例外がスローされる**からです。

この例外をキャッチし、「整数値を入力してください」と表示するには次のようにします。

HeiseiToSeireki2.java(mainメソッド部分)

```
public static void main(String[] args){
    Scanner scan = new Scanner(System.in);
    System.out.print("平成年? > ");
    String s = scan.next();
    try { ①
        int heisei = Integer.parseInt(s); ②
        int seireki = heisei + 1988;
        System.out.println("西暦:" + seireki + "年" );
    } catch (NumberFormatException e) { ③
        System.out.println("整数値を入力してください"); ④
    }
    scan.close();
}
```

①のtryブロックの②でIntegerクラスのparseIntメソッドを実行し、整数に変換しています。③のcatchでは、もしNumberFormatExceptionクラスの例外がスローされたらそれをキャッチして変数eに代入し、④で「整数値を入力してください」と表示しています。

実行結果

```
平成年? > abc【Enter】  ← 整数に変換できない文字列を入力
整数値を入力してください  ← メッセージが表示される
```

このプログラムでは、例外が発生するといったん終了します。再度実行して数値を入力すると、例外が発生しない場合は正しく処理されることが確認できます。

実行結果

```
平成年? > 30【Enter】  ← 整数値を入力
西暦:2018年  ← 西暦に変換される
```

Think! 考えてみよう

① 西暦を入力すると平成年で表示するプログラムをつくってみましょう。ただし、数字ではない文字列を入力した場合、エラーメッセージを表示するようにしましょう

```
Scanner scan = new Scanner(System.in);
System.out.print("西暦を入力してください > ");
String s = scan.next();
[        ] {
    int seireki = Integer.parseInt(s);
    int heisei = seireki - 1988;
    System.out.println("平成" + heisei + "年" );
} [        ] ([                    ] [  ]) {
    System.out.println("整数値を入力してください");
}
scan.close();
```

↓

```
Scanner scan = new Scanner(System.in);
System.out.print("西暦を入力してください > ");
String s = scan.next();
try {
    int seireki = Integer.parseInt(s);
    int heisei = seireki - 1988;
    System.out.println("平成" + heisei + "年" );
} catch (NumberFormatException e) {
    System.out.println("整数値を入力してください");
}
scan.close();
```

Chapter 5

解説 例外のクラス名は、いちど実際にエラーを発生させるとわかります。例外を格納する変数名に決まりはありませんが、一般にeが使われます。

例外クラスの親子関係について

発生する例外のクラス名をいちいち指定するのは面倒に感じるかもしれません。実は、**例外クラスにはThrowableクラスを頂点とする図のような親子関係があります。**

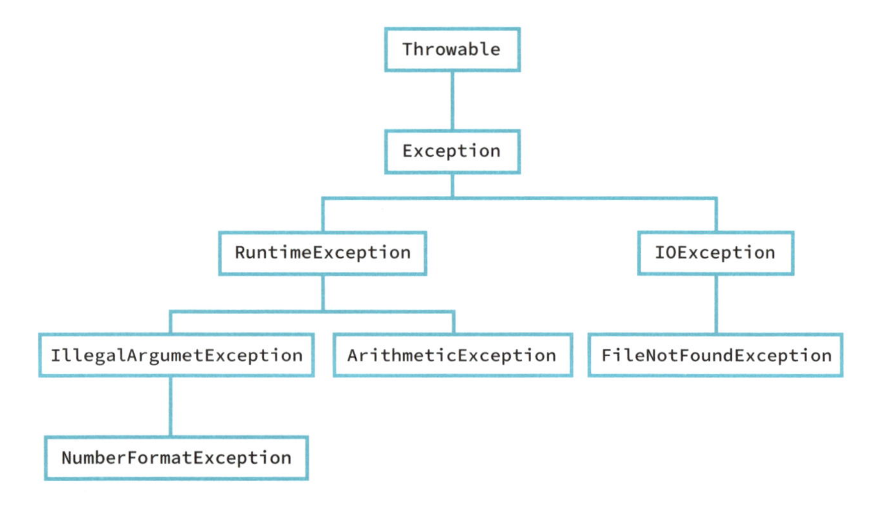

例外をキャッチするときは、**発生する例外のクラスそのものではなく、その祖先のクラスを指定することもできます。**このとき、祖先のクラスを「**スーパークラス**」、それから派生する子孫のクラスを「**サブクラス**」と呼びます。

先ほどのHeiseiToSeireki2.javaでは、NumberFormatExceptionクラスのインスタンスをキャッチしていましたが、その代わりに**Exceptionクラスなどそのスーパークラスのインスタンスをキャッチすることもできます。**

HeiseiToSeireki3.java(一部)

```
} catch (Exception e) {   ← Exceptionクラスのインスタンスをキャッチ
    System.out.println("整数値を入力してください");
}
```

このようにcatchブロックの引数にスーパークラスのインスタンスを指定すると、**そのサブクラスの例外をすべて捕まえることができます。**

つまり、前述のようにExceptionクラスを指定すると、NumberFormatExceptionだけでなく、FileNotFoundException（ファイルが見つからない）やArithmeticException（数値演算でエラーが起こった）など、Exceptionクラスの子孫となる例外をすべて捕まえることができるのです。

Think! 考えてみよう

① Exceptionクラスで例外クラスをキャッチし、発生時のエラー内容を確認しましょう

```
try {
    int i = Integer.parseInt("こんにちは");
    System.out.println( i );
} catch ( [          ] e) {
    System.out.println("エラーの内容:" + [  ]);
}
```

↓

```
try {
    int i = Integer.parseInt("こんにちは");
    System.out.println( i );
} catch ( Exception e) {
    System.out.println("エラーの内容:" + e);
}
```

解説 例外の内容は、例外のインスタンスが代入された変数「e」に記載されています。実行すると、「エラーの内容:java.lang.NumberFormatException: For input string: "こんにちは"」と表示されます。Exceptionクラスの例外をキャッチすることで、そのサブクラスであるNumberFormatExceptionクラスの例外もキャッチできています。

Chapter 6

処理を繰り返す

前Chapterでは、if文とswitch文という条件判断を行う制御構造について紹介しました。このChapterでは繰り返しの制御構造としてfor文とwhile文を解説します。

01 for文で処理を繰り返す

このセクションでは、同じ処理を繰り返す for 文と呼ばれる制御構造について説明します。新たに制御変数と呼ばれる変数が登場しますが頑張って理解しましょう。

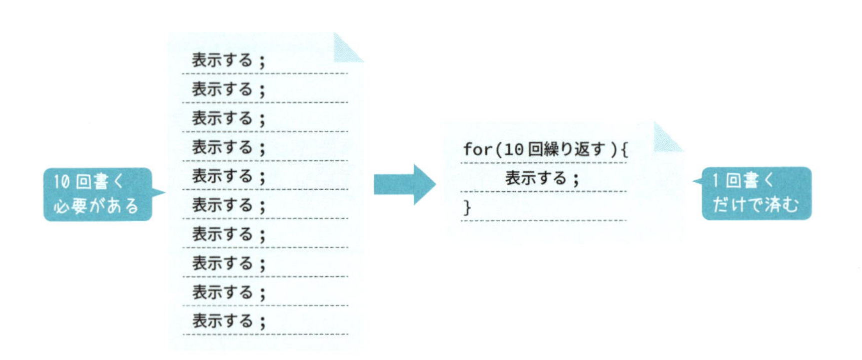

繰り返しはなぜ必要？

if文などの条件判断と並んで、プログラムに欠かせない制御構造が「**繰り返し**」(**ループ**)です。繰り返しをうまく使うと、プログラムがシンプルになります。

たとえば、1行に1件ずつ会員情報が記述された名簿のファイルがあるとします。ここから最初の10行を読み込みたいとしましょう。**繰り返しを使用しない場合は、読み込む命令を10回書く必要があります。**

繰り返しを使用しない場合の名簿の読み込み

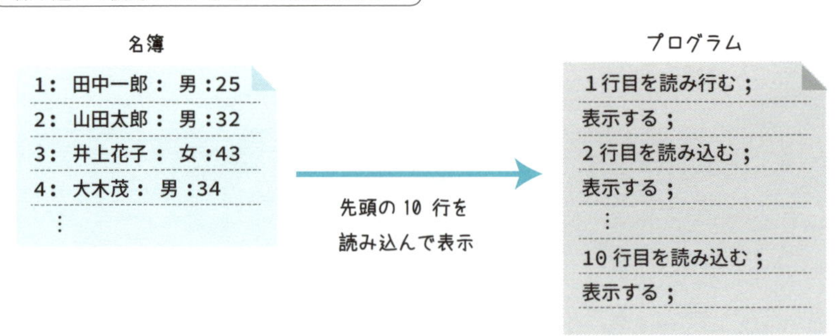

これを、繰り返しの制御構造であるfor文を使用すると、**読み込む命令は1回書くだけでよく、それを10回繰り返すという形で簡潔に記述できます**。

繰り返しを使用した場合の名簿の読み込み

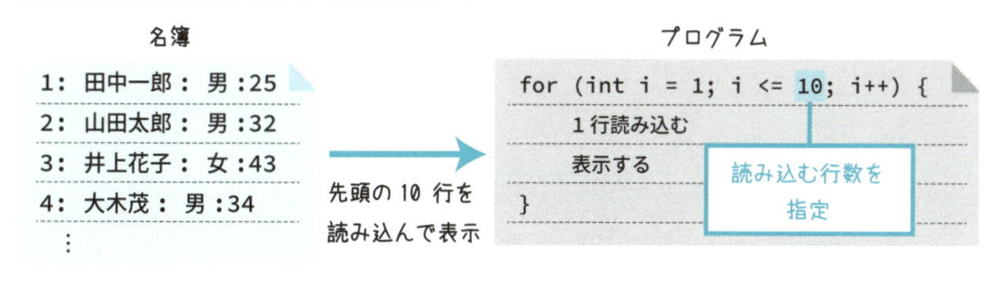

この例では、表示するのは最初の10件なので力業でもなんとかなりますが、これが1,000件、10,000件となると記述するのもたいへんですし、プログラムの見通しも悪くなるでしょう。**for文を使用していれば、読み込み件数が変わっても繰り返し回数を設定している部分を変更するだけでOK**です。

for文の基本構造

では、繰り返しに使うfor文の基本的な書式を見てみましょう。

```
for (初期化式; 条件式; 制御変数の更新) {
    処理
}
```

ループの繰り返しをコントロールするための変数を「**制御変数**」と呼びます。制御変数を、たとえば1から10まで変化させながら処理を行うというのがfor文の基本的な使い方です。

「( )」の最初に記述する「**初期化式**」はループの制御変数を初期化する式です。その後ろの「**条件式**」が成立する間だけ、ブロック内に記述した処理が繰り返し実行されます。最後の式で「**制御変数の更新**」を行います。

for文で"こんにちは"と10回表示する

これだけの説明だけでは、for文の動作がわかりにくいでしょうから、シンプルな例を見ながら理解していきましょう。まず、for文を使用して"こんにちは"と10回表示するプログラムを見てみます。

For1.java(mainメソッド部分)

```
public static void main(String[] args) {
    for (int i = 1; i <= 10; i++) {   ①
        System.out.println("こんにちは");   ②
    }
}
```

この例では、①のfor文の「( )」の最初に記述した初期化式の「int i = 1」で、ループの開始前に制御変数iを宣言し「1」に初期化しています。

次の「i <= 10」が繰り返すかどうかの条件の設定で、変数iが10以下の間は処理が繰り返し実行されます。最後の「i++」は、ループするたびに変数iの値を1増やす式です(P82参照)。

制御変数iの値が1、2、3、4....10と増えていく間②の文が繰り返し実行され、結果として"こんにちは"と10回表示されます。

実行結果

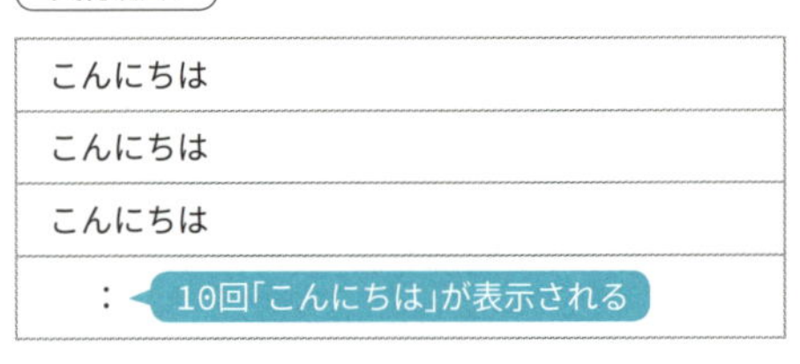

こんにちは
こんにちは
こんにちは
： 10回「こんにちは」が表示される

制御変数はi、j、k、... といった小文字のiから始まるアルファベット1文字が慣習として使用されます。もちろんcountなどの具体的な変数名を使用してもかまいません。

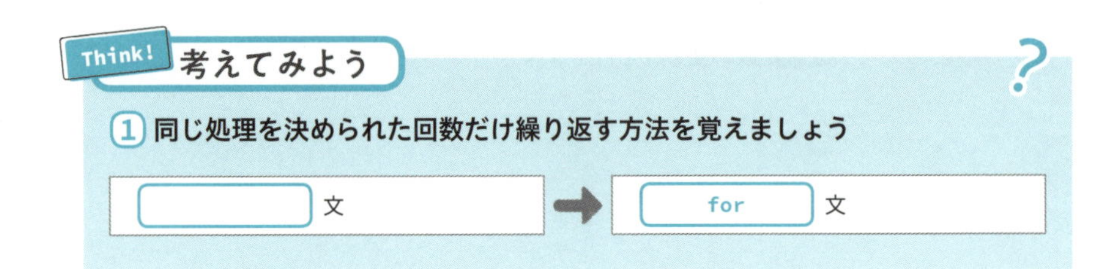

② for文を使って「こんばんは」と10回表示するプログラムを作成しましょう

```
for (                ) {
    System.out.println("こんばんは");
}
```

↓

```
for ( int i = 1; i <= 10; i++ ) {
    System.out.println("こんばんは");
}
```

解説 forの()内は「初期化式; 条件式; 制御変数の更新」の順序になる点を覚えておきましょう。

フローチャートでfor文の働きを理解しよう

プログラミングの流れを図解したものを「**フローチャート**」と呼びます。for文は、次のようなフローチャートとプログラムを見比べると動作を理解しやすいでしょう。なお、フローチャートのひし形は条件判定を表しています。

for 文のフローチャート

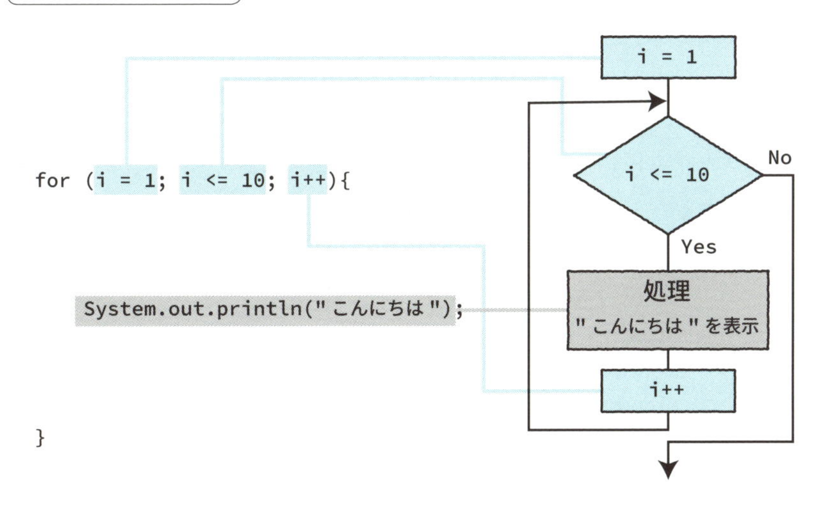

●平成年と西暦の対応表を表示する●

for文で使用する制御変数は、単に繰り返しの回数を制御するだけではありません。**通常の変数としてfor文のブロック内の処理にも使用できます。**

for文を使用して平成年と西暦の対応表を表示する例を見てみましょう。制御変数heiseiを、平成年を管理する値としても使用し、1から31まで表示しています。

HeiseiToSeireki1.java(for文部分)

```
for (int heisei = 1; heisei <= 31; heisei++) {  ←1
    System.out.println("平成" + heisei  +  "年 - " + "西暦" +
    (heisei + 1988) + "年");  ←2
}
```

①で、for文の「()」内で制御変数heiseiを1から31まで1ずつ増加させています。ここでは制御変数に「i」といったアルファベット1文字の名前ではなく、「heisei」という具体的な名前をつけてわかりやすくしています。

for文のブロックでは、②で変数heiseiの値に1988を足して西暦に変換して表示しています。

実行結果

```
平成1年 - 西暦1989年
平成2年 - 西暦1990年
平成3年 - 西暦1991年
…中略…
平成30年 - 西暦2018年
平成31年 - 西暦2019年
```

COLUMN

制御変数の有効範囲(スコープ)について

変数には有効な範囲があります。これを変数の「スコープ」と呼びます。for文の「( )」内で制御変数を宣言した場合には、そのスコープはfor文のブロック内になります。ブロックの外で制御変数を参照しようとするとエラーになるので注意しましょう。

制御変数のスコープ

```
for (int heisei = 1 ; heisei <= 31; heisei++) {
    System.out.println(" 平成 " + heisei + " 年");   ― 制御変数のスコープはfor文ブロック内
}

System.out.println(" 西暦 " + (heisei + 1988) + " 年");   ― ブロックの外部で制御変数を使用するとエラー
```

考えてみよう

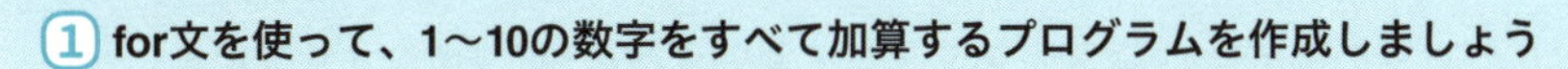

① for文を使って、1～10の数字をすべて加算するプログラムを作成しましょう

```
int sum = 0;
for (int i = 1; i <= 10; i++) {
    [          ];
}
System.out.println(sum);
```

↓

```
int sum = 0;
for (int i = 1; i <= 10; i++) {
    sum += i;
}
System.out.println(sum);
```

解説 繰り返しは変数sumへの加算のみで、結果の表示は繰り返しのあとに行う例です。実行すると1～10までを順に足していき、「55」と表示します。前ページのコラムで触れたとおり、iをfor文のブロックの外から直接参照しようとするとエラーになりますので注意しましょう。

Chapter 6

制御変数の更新について

これまでの例では++演算子を使用して制御変数を1ずつ増加させていましたが、制御変数の更新は任意の式で行ってもかまいません。

次の例では、変数seirekiを2ずつ増加させ、2年ごとの平成年と西暦の対応表を表示しています。

HeiseiToSeireki1_2.java

```
public static void main(String[] args) {
    for (int heisei = 1 ; heisei <= 31; heisei += 2) { ①
        System.out.println("平成" + heisei  +  "年 - " + "西暦"
        + (heisei + 1988) + "年");
    }
}
```

①の「heisei += 2」では「+=」の代入演算子（P87参照）を使用して変数heiseiを2ずつ増加させています。「heisei = heisei + 2」のように記述しても同じです。

実行結果

```
平成1年 - 西暦1989年
平成3年 - 西暦1991年
平成5年 - 西暦1993年
…中略…
平成29年 - 西暦2017年
平成31年 - 西暦2019年
```

Think! 考えてみよう

① 先の例題で、平成31年からさかのぼって平成と西暦の対応表を表示するプログラムを作成しましょう

```
for (                                  ) {
    System.out.println("平成" + heisei  +  "年 - " + "西暦"
    + (heisei + 1988) + "年");
}
```

↓

```
for ( int heisei = 31; heisei >= 1; heisei-- ) {
    System.out.println("平成" + heisei  +  "年 - " + "西暦"
    + (heisei + 1988) + "年");
}
```

解説 for文の中の初期化式で平成31年から開始するように設定し、制御変数「heisei」を1ずつ減らしていくことで、逆順の対応表をつくることができます。このとき実行条件を正しく変更しておくことに注意してください。

② 2000年から2020年までのうるう年を表示するプログラムを作成しましょう。2000年はうるう年で、4年ごとにうるう年はやってきます

```
for (                                  ) {
    System.out.println( seireki + "年はうるう年です。" );
}
```

↓

```
for ( int seireki = 2000; seireki <= 2020; seireki += 4 ) {
    System.out.println( seireki + "年はうるう年です。" );
}
```

解説 制御変数の更新を「+= 4」とすることで、4年ごとの年を表示できます。

条件が成り立っている間処理を繰り返すwhile文

このセクションでは、for 文と並んで代表的な繰り返しの制御構造である while 文について説明します。while 文は条件が成り立っている間、処理を繰り返します。

何回繰り返すか決まっていない

```
表示する；
表示する；
表示する；
表示する；
表示する；
表示する；
  ⋮
```

```
while(条件){
    表示する；
}
```

while 文で条件に応じて繰り返す

while文の仕組み

繰り返しには**while文もあります。**whileは「〜の期間」という意味で、「○○が成り立っている間、△△を繰り返す」というイメージで捉えるとよいでしょう。

while文では、まず( )内の条件が成り立つかを調べ、**成り立っている間（trueの間）はブロック内の処理を繰り返します。**構造としてはif文に似ています。条件判定は繰り返しのたびに行われ、条件がfalseになるとブロックを抜けます。

たとえば、「気温が30度を超えている間、冷房をつける」という処理を、while文を使って記述すると次のようになります。

while 文の構造

```
while(気温が30度以上) {
    冷房をつける
}
```

Think! 考えてみよう

① 条件が成り立っている間、処理を繰り返す方法を覚えましょう

文	→	while 文

② 「外が暗い間、照明をつける」という処理を、while文を使って表現しましょう

```
[　　　] ( 外が暗い ) {
    [　　　]
}
```

```
while ( 外が暗い ) {
    照明をつける
}
```

解説 whileは()内の条件がtrueの間は{}内の処理を繰り返します。

"こんにちは"を10回表示する

for文を使用して"こんにちは"を10回表示するFor1.java（P218）を、while文で記述した例を見てみましょう。

While1.java（main メソッド部分

```
public static void main(String[] args) {
    int i = 1; ①
    while(i <= 10 ){ ②
        System.out.println(" こんにちは "); ③
        i++; ④
    }
}
```

実行結果

```
こんにちは
こんにちは
こんにちは
  :  ← 10回「こんにちは」が表示される
```

for文との違いは、ループの制御変数の扱いです。for文の場合は、制御変数の初期化や増減の式をforの直後の括弧「( )」内に記述しました。それに対して、**while文の括弧「( )」では条件式のみを記述します**。つまり、for文と同じように使用するには、**制御変数の初期化や更新を別の文として記述する**必要があります。

①でwhileの外部で制御変数iを宣言し、1に初期化しています。②でwhile文の条件に「i <= 10」を指定しています。変数iが10以下の間は結果はtrueとなり、ブロック内の処理を繰り返し実行します。

③で"こんにちは"を表示して、④で制御変数iを1ずつ増やしています。

while 文の動作

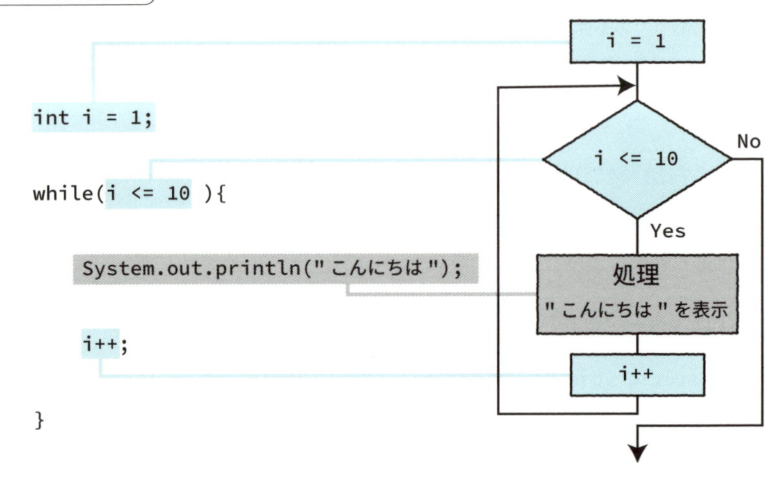

Think! 考えてみよう

1 while文を使って「こんばんは」と10回表示するプログラムを作成しましょう

```
int i = 1;
[        ] ( [        ] ){
    System.out.println("こんばんは");
    [        ] ;
}
```

↓

```
int i = 1;
while ( i <= 10 ){
    System.out.println("こんばんは");
    i++ ;
}
```

解説 whileの場合は制御変数の初期化はwhileのブロックの外、制御変数の更新はwhileのブロック内で行います。

●平成年を西暦に変換するプログラムを10回繰り返す●

while文の基本が理解できたところで、平成年と西暦の変換表を表示するHeiseiToSeireki1.java (P220)をwhile文で書き直してみましょう。

HeiseiToSeireki2.java(mainメソッド部分)

```
public static void main(String[] args) {
    int heisei = 1; ❶
    while(heisei <= 31) { ❷
        System.out.println("平成" + heisei  +  "年 - " + "西暦"
        + (heisei + 1988) + "年"); ❸
        heisei++; ❹
    }
}
```

Chapter 6

①で制御変数としてheiseiを宣言し1を代入しています。②でwhile文の条件に「heisei <= 31」を指定し、変数heiseiが31以下の間、処理を繰り返すようにしています。③で平成年と西暦を表示し、④で変数heiseiをカウントアップしています。

実行結果

```
平成1年 - 西暦1989年
平成2年 - 西暦1990年
平成3年 - 西暦1991年
…中略…
平成30年 - 西暦2018年
平成31年 - 西暦2019年
```

Think! 考えてみよう

① while文を使って、平成31年から遡って平成と西暦の対応表を表示するプログラムを作成しましょう

```
int heisei = [    ];
while([          ]) {
    System.out.println("平成" + heisei  + "年 - " + "西暦"
    + (heisei + 1988) + "年");
    [          ];
}
```

↓

```
int heisei = 31;
while(heisei >= 1) {
    System.out.println("平成" + heisei  + "年 - " + "西暦"
    + (heisei + 1988) + "年");
    heisei--;
}
```

解説 制御変数をカウントダウンするときも形は変わりません。

break文でループから抜ける

ここまでの例では、for文とwhile文のどちらを使ってもかまいません。続いて、**while文を使ったほうがシンプルに記述できる例**を見てみましょう。

switch文のブロックを抜ける際はbreak文を使用することは「switch文で細かく処理を分岐させる」(P194)で解説しました。このbreak文は、while文によるループを抜ける際にも使用できます。

無限ループとbreak文の組み合わせ

まず、処理を延々と繰り返すいわゆる「無限ループ」について触れておきましょう。**無限ループにするときは、while文の条件を「true」に指定します。**これで条件はつねに成立することなり、処理が繰り返し実行されます。

これだけだとプログラムを強制終了しない限り、ループが回り続けてしまうため、**なんらかの手段でループから脱出する必要があります。**

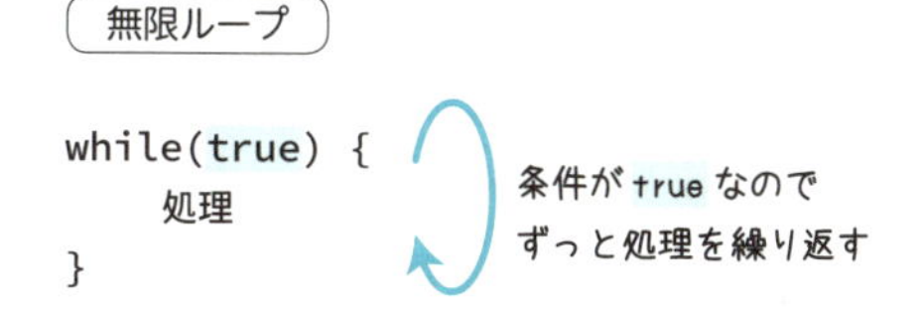

その場合は右のように、**if文とbreak文を使用して「条件が成立したらループを抜ける」という処理がしばしば行われます。**とくに制御変数が不要な場合にはこの形式が好まれます。

無限ループと break 文

```
while(true) {
    処理
    if ( 条件 ) break;
}
```

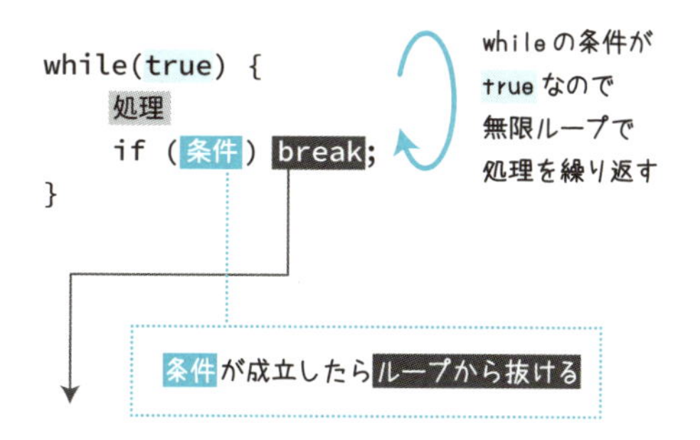

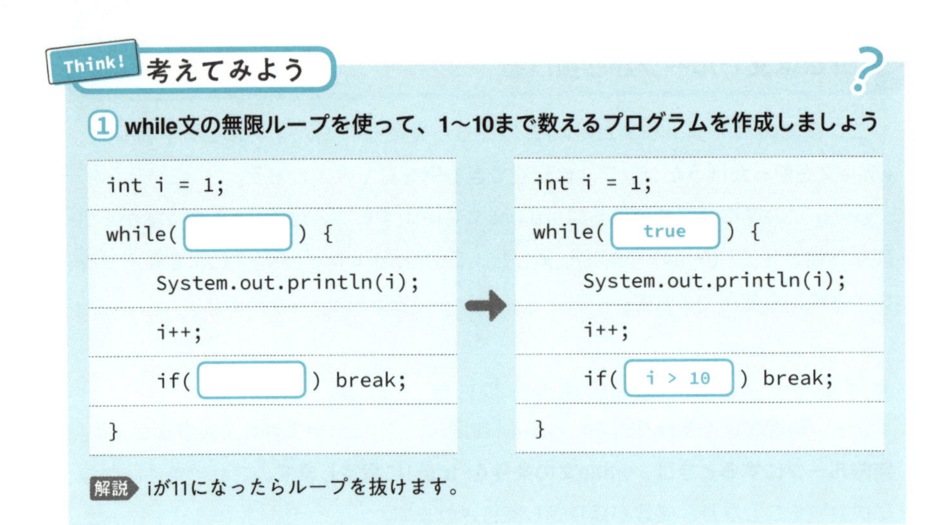

次の13日の金曜日はいつ？

while文とbreak文を組み合わせて使用する例として、「来月以降で最初に見つかった13日の金曜日の日付を表示する」というプログラムを示しましょう。処理の流れは次のようになります。

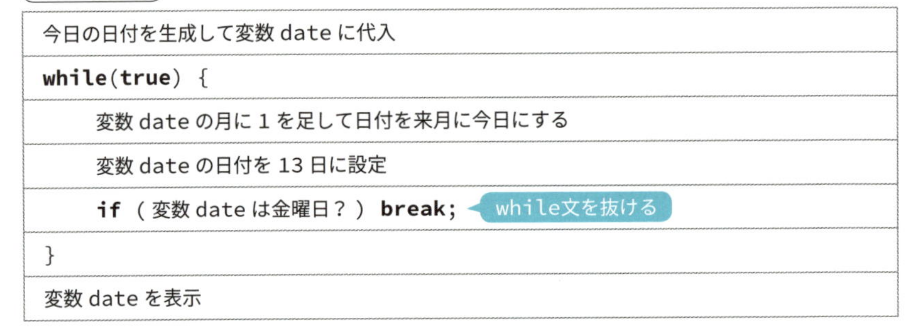

プログラムにすると次のようになります。

Friday13.java

```
import java.time.LocalDate;  ←1
import java.time.DayOfWeek;  ←2
```

```
public class Friday13 {
    public static void main(String[] args) {
        // 今日の日付を生成
        LocalDate date = LocalDate.now(); ③
        while(true) { ④
            date = date.plusMonths(1); ⑤
            date = date.withDayOfMonth(13); ⑥
            if(date.getDayOfWeek() == DayOfWeek.FRIDAY) break; ⑦
        }
        System.out.println(date);
    }
}
```


①でLocalDateクラス、②で後述する曜日比較のためにDayOfWeek列挙型をそれぞれインポートしています（LocalDateクラスとDayOfWeek列挙型についてはP131～135参照）。

③では、LocalDateクラスのnowメソッドで今日の日付のLocalDateクラスのインスタンスを生成し、変数dateに代入しています。

while文では④で条件を「true」に設定し、無限ループに設定しています。

⑤のplusMonthsメソッドは、LocalDateクラスのインスタンスの月の値に引数の値を加えます。

plusMonths メソッド

メソッド	戻り値	説明
plusMonths(long型)	LocalDateオブジェクト	引数で設定した月の値を加えた新たなLocalDateオブジェクトを戻す

⑤のように引数に1を指定して実行すると、来月の今日のLocalDateクラスのインスタンスが戻されます。それを再び変数dateに代入しています。

⑥のwithDayOfMonthメソッドは、年、月の値はそのままで、日にちを変更するメソッドです。

withDayOfMonth メソッド

メソッド	戻り値	説明
withDayOfMonth(int型)	LocalDateオブジェクト	引数で設定した日の値に設定した新たなLocalDateオブジェクトを戻す

引数に「13」を指定すると、日付を13日に変更したLocalDateクラスのインスタンスが戻ります。つまり、⑤⑥で変数dateの日付が「次の月の13日」に設定されます。

⑦のif文では、変数dateの曜日がFRIDAY（金曜日）であるかを調べ、そうであればbreak文でループを抜けます。

```
if (date.getDayOfWeek() == DayOfWeek.FRIDAY) break;
```

getDayOfWeekメソッドは、**曜日をDayOfWeek列挙型の値として戻します。**このとき、曜日を比較するには右辺で「DayOfWeek.FRIDAY」のように「列挙型名.曜日」のように指定する必要があります。下記のように書くと「FRIDAY」が変数名と解釈されてしまい、**変数が見つからないというエラーが出ます。**また、列挙型の値と文字列は比較できないため、「"FRIDAY"」と書いてもエラーになります。

```
× if (date.getDayOfWeek() == FRIDAY) break;   ← エラーになる
```

13日が金曜日でない場合は、処理の先頭に戻り、date.plusMonths(1)で次の月に進みます。⑦のbreak文でwhile文のループを抜けた段階では、変数dateには最初に見つかった13日の金曜日の日付が格納されています。⑧ではそれを表示しています。

無限ループを使った繰り返し処理のメリットは、**ループの終了条件をループ処理内で簡潔に記述できる点**です。

実行結果

```
2019-12-13   ← 2019年11月に実行した場合
```

Think! 考えてみよう

① 来月以降で最初に見つかった月曜日始まりとなる月の日付を表示するプログラムを作成しましょう

```
LocalDate date = LocalDate.now();
```

```
while(true) {
    date = date.plusMonths(1);
    date = date.withDayOfMonth(      );
    if (date.getDayOfWeek() == [            ]) break;
}
System.out.println(date);
```

↓

```
LocalDate date = LocalDate.now();
while(true) {
    date = date.plusMonths(1);
    date = date.withDayOfMonth( 1 );
    if (date.getDayOfWeek() == DayOfWeek.MONDAY ) break;
}
System.out.println(date);
```

解説 その月が月曜で始まるということは、1日が月曜日ということになります。date.withDayOfMonth(1)で1日のLocalDateクラスのインスタンスをdateに戻し、DayOfWeek.MONDAYで月曜日かどうかを確かめています。

2 0から30までの範囲で3の倍数を表示するプログラムを作成しましょう（3の倍数かどうかは、3で割ったあまりが0かどうかで判断できます）

```
int counter = 1;
while(true){
    if(            ){  // 3の倍数かどうか判断
        System.out.println(counter);
    }
    if(            ){  // 無限ループを抜ける条件
```

```
        break;
    }
    counter++;
}
```

```
int counter = 1;
while(true){
    if( counter % 3 == 0 ){  // 3の倍数かどうか判断
        System.out.println(counter);
    }
    if( counter >= 30 ){  // 無限ループを抜ける条件
        break;
    }
    counter++;
}
```

解説 1から30まで、ひとつずつ3の倍数かどうか判定していきます。目標の値まで到達したら、breakで無限ループを抜けます。

ループの先頭に戻るcontinue文

break文ではループを抜けましたが、**continue文を使用すると、繰り返しのブロックの残りの処理をスキップしてループの先頭に戻る**ことができます。

無限ループと continue 文

```
while(true) {
    処理1
    if （条件） continue;
    処理2
}
```

```
while(true) {
    処理 1
    if (条件) continue;
    処理 2
}
```

whileの条件がtrueなので
無限ループで処理1と処理2を繰り返す

条件が成立したら処理2をとばしてループの最初に戻る

Chapter 6

●ドルを円に換算するプログラムを作成する●

continue文の例として、while文でキーボードから繰り返しドルの値を入力して、それを円に変換するプログラム例を示します。

キーボードからの入力には、Scannerクラス（P159参照）のnextLineメソッドを使用します。入力された値は文字列のため、ラッパークラスであるDoubleクラスのparseDoubleメソッドで**double型の値に変換する**必要があります。

parseDouble メソッド

メソッド	戻り値	説明
parseDouble(文字列)	double型	数値を表す文字列をdouble型の値に変換して戻す

このとき例外処理（P205）により数値に変換できない場合には"**数値を入力してください"とメッセージを表示してcontinue文でループの先頭に戻ります。**

また、入力待ちのとき、たんにEnterキーを押すとbreak文でループを抜けてプログラムを終了します。プログラムの流れは次のようになります。

処理の流れ

```
while(true) {
    キーボードから文字列を読み込む
    if ( 文字列が空 ) break;   ←while文を抜ける
    try {
        数値に変換する
    } catch( ～ ) {
        数値を入力してくださいとメッセージを表示する
        continue;   ループの先頭に戻る
```

```
        }
        円の値を計算して表示する
}
```

実際のプログラムは次のようになります。

DollarToYen.java(mainメソッド部分)

```
public static void main(String args[]){
    double dollar; ①
    final double RATE = 110.0; ②
    Scanner scan = new Scanner(System.in); ③
    while(true) {
        System.out.print("ドル?> "); ④
        String str = scan.nextLine(); ⑤
        if (str.isEmpty()) break; ⑥
        try { ⑦
            dollar = Double.parseDouble(str); ⑧
        } catch(Exception e) {
            System.out.println("数値を入力してください"); ⑨
            continue; ⑩
        }
        System.out.println((dollar * RATE) + "円"); ⑪
    }
    scan.close();
}
```

①でドルを格納する変数dollarをdouble型として宣言しています。

②で為替レートをdouble型の変数RATEとして宣言し、対円の為替レートの値（ここでは110.0)を代入しています。finalを設定しているため定数(P104)となります。

③でScannerクラスのインスタンスを生成し変数scanに代入しています。

while文のブロックでは、まず④でプロンプトとして"ドル?> "を表示し、⑤のnextLineメソッドでキーボードからの入力を読み込んで変数strに代入しています。

⑥のif文ではisEmptyメソッド（P121）で変数strが空かどうかを調べ、空であれば

break文でループを抜けています。

⑦のtry~catchでは、⑧でDoubleクラスのparseDoubleメソッドで読み込んだ文字列strをdouble型に変換し、変数dollarに代入しています。

数値に変換できない場合には例外がスローされます。catchで例外を捕まえて⑨で"数値を入力してください"と表示し、⑩のcontinue文でループの先頭に戻ります。

数値に変換できた場合には、⑪で「dollar * RATE」を実行し、円の値を計算して表示しています。

Chapter 6

実行結果

```
ドル?> 5【Enter】
550.0円
ドル?> 4【Enter】
440.0円
ドル?> abc【Enter】
数値を入力してください ◀ 数値に変換できない場合にはメッセージを表示
ドル?> 3【Enter】
330.0円
ドル?>【Enter】 ◀ たんにEnterキーを押すと終了
```

Think! 考えてみよう

① P210の平成を西暦に変換するプログラムを、繰り返し入力を受け付ける形に変更してみましょう

```
public static void main(String args[]){
    int heisei;
    int seireki;
    Scanner scan = new Scanner(System.in);
    [          ] {
        System.out.print("平成年？> ");
        String s = scan.nextLine();
        [              ];// 入力が空の場合はループを抜ける
```

```
        try {
            heisei = Integer.parseInt(s);
        } catch(Exception e) {
            System.out.println("数値を入力してください");
            [          ];
        }
        seireki = heisei + 1988;
        System.out.println("西暦:" + seireki + "年" );
    }
    scan.close();
}
```

↓

```
public static void main(String args[]){
    int heisei;
    int seireki;
    Scanner scan = new Scanner(System.in);
    [ while(true) ] {
        System.out.print("平成年?> ");
        String s = scan.nextLine();
        [ if (s.isEmpty()) break ];
        try {
            heisei = Integer.parseInt(s);
        } catch(Exception e) {
            System.out.println("数値を入力してください");
            [ continue ];
        }
```

```
        seireki = heisei + 1988;
        System.out.println("西暦:" + seireki + "年" );
    }
    scan.close();
}
```

解説 基本的なプログラムの流れはP236のものと同じです。

② 決められた入力に対して応答するチャットボットプログラムを作成しましょう(正しく受け答えできたときのみ、自慢する機能を付けています)

```
Scanner scan = new Scanner(System.in);
[          ] {
    System.out.print("なんでも聞いてください> ");
    String str = scan.nextLine();
    if (str.isEmpty()) break;
    [          ] ([        ]){
        case "今日の天気は":
            System.out.println("晴れです");
            break;
        case "おはよう":
            System.out.println("もうお昼です");
            break;
        default:
            System.out.println("よくわかりませんでした");
            [          ];
    }
    System.out.println("ちゃんと答えてすごいでしょ");
```

```
}
scan.close();
```

↓

```
Scanner scan = new Scanner(System.in);
while(true) {
    System.out.print("なんでも聞いてください> ");
    String str = scan.nextLine();
    if (str.isEmpty()) break;
    switch ( str ){
        case "今日の天気は":
            System.out.println("晴れです");
            break;
        case "おはよう":
            System.out.println("もう昼です");
            break;
        default:
            System.out.println("よくわかりませんでした");
            continue ;
    }
    System.out.println("ちゃんと答えてすごいでしょ");
}
scan.close();
```

解説 while文による無限ループを使った入力待ちのよくある例です。入力された文字列によって処理を変える場合はswitch文(P194)を使います。「今日の天気は」と入力すると、「晴れです」、「ちゃんと答えてすごいでしょ」と表示します。「おはよう」と入力すると「もうお昼です」、「ちゃんと答えてすごいでしょ」と表示します。それ以外の言葉を入力すると「よくわかりませんでした」と表示し、「ちゃんと答えてすごいでしょ」を表示する処理を飛ばすためにcontinue文でループの先頭に戻ります。

Chapter 7

データをまとめて管理する配列

このChapterでは、一連のデータをまとめて管理するのに便利なデータ型である「配列」について説明しましょう。配列を使うとひとつの変数名と添字と呼ばれる番号によりデータをまとめて管理できます。

01 配列の基礎を理解しよう

Java ではデータをまとめて管理するのに便利なデータ型がいくつか用意されています。ここでは、それらの中でもっとも基本的な「配列」の概要を解説しましょう。

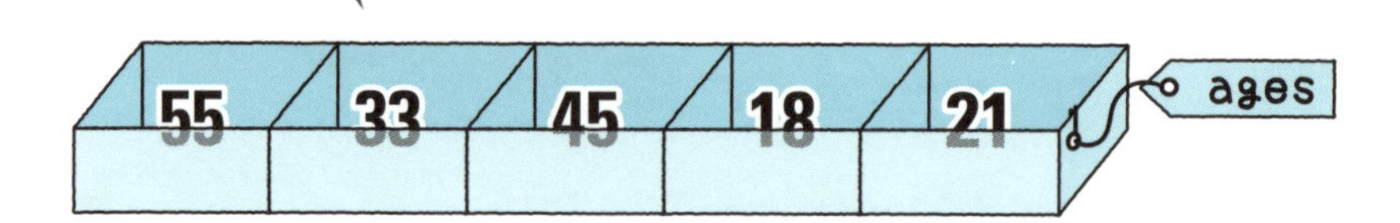

配列はなぜ必要？

配列（Array）を使うと一連のデータをまとめて管理できます。これまで説明してきた変数は値を入れる箱のようなものですが、配列はその値を入れる箱が横に連なっているようなイメージです。

通常の変数と配列

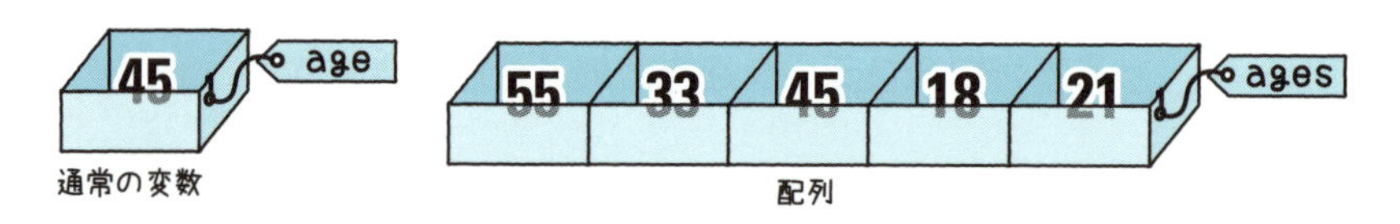

大量のデータを扱える

配列は**大量のデータを扱う際に便利**です。たとえば、ある学校のクラスの生徒の名前を変数に記憶しておきたいとしましょう。これを個別の変数に保存すると、student1、student2、……student40といったように生徒の数だけ変数が必要になり管理が面倒です。

配列を使用すると、**「students」というひとつの変数名ですべての生徒を管理できるようになります。**配列の各データは「**配列変数名[番号]**」という形で指定できます。後ほど詳しく説明しますが、この番号を「**添字**」といいます。添字は「0」から始まる連番の整数値です。

配列で要素をまとめて管理する

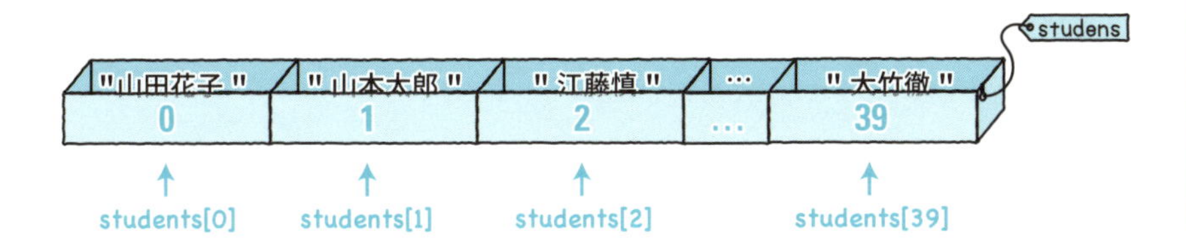

Chapter 7

●データの処理も簡単になる●

配列を使用すると、大量データの処理が簡単になります。たとえば、配列を使用せずに、生徒の名前をすべて表示しようとすると、その数だけSystem.out.println()文を記述する必要があり面倒です。

```
System.out.println(student1);
System.out.println(student2);
System.out.println(student3);
⋮
System.out.println(student40)
```

生徒の名前を配列で管理していると、同じ処理がfor文（P216「for文で処理を繰り返す」参照）を使用して、**次のようにたった3行で記述できます。**

```
for (int i = 0; i < students.length; i++) {
    System.out.println(students[i]);
}
```

また、生徒の数が変更になってもfor文の中身を変更する必要がありません。for文を使った処理については、次セクションで改めて詳しく解説します。

Think! 考えてみよう

1 変数と配列の違いを理解しましょう

1つの値を管理する時に使うのが［　　　］、複数の値を管理する時に使うのが［　　　］

↓

1つの値を管理する時に使うのが［変数］、複数の値を管理する時に使うのが［配列］

解説 配列は複数の値をまとめて扱えるのがメリットです。

配列を宣言して領域を確保する

通常の変数を使用する場合には、あらかじめ次のように宣言していました。

```
データ型 変数名 ;
```

配列を使用する場合も同じで、**前もって宣言しておく必要があります。**配列を宣言する書式は次のようになります。

```
データ型 [] 配列変数名 ;
```

データ型の後ろに「[ ]」を記述する点に注意してください。なお、配列は宣言しただけでは使用できません。**次のようにnew演算子で領域を確保する必要があります。**

```
配列変数名 = new データ型 [ 要素数 ];
```

int型の配列を用意してみよう

配列に保存されているデータのことを「要素」と呼びます。たとえば、年齢をint型のデータとして管理する配列agesを宣言して、5人分の領域(要素数が5)を確保するには次のようにします。

```
int[] ages;
ages = new int[5];
```

これで、int型の値を5つ保存するための領域が確保されました。なお、**new演算**

子で領域を確保すると、各要素の値は「0」に初期化されます（初期値はデータ型によって異なります。double型の場合は「0.0」、boolean型の場合は「false」、オブジェクトの場合は「null」です）。

int 型の値を 5 つ保存する領域を確保した配列

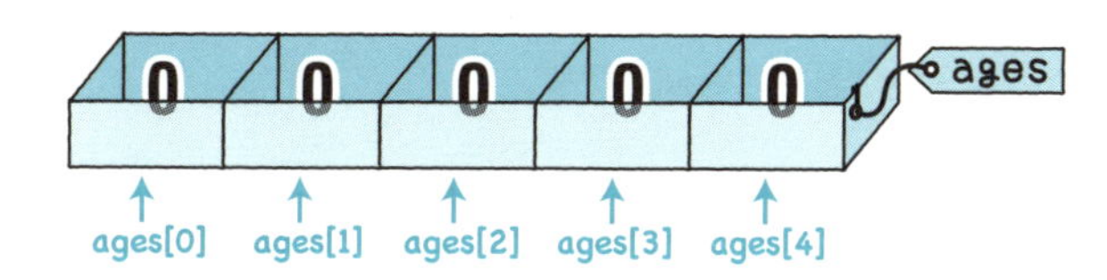

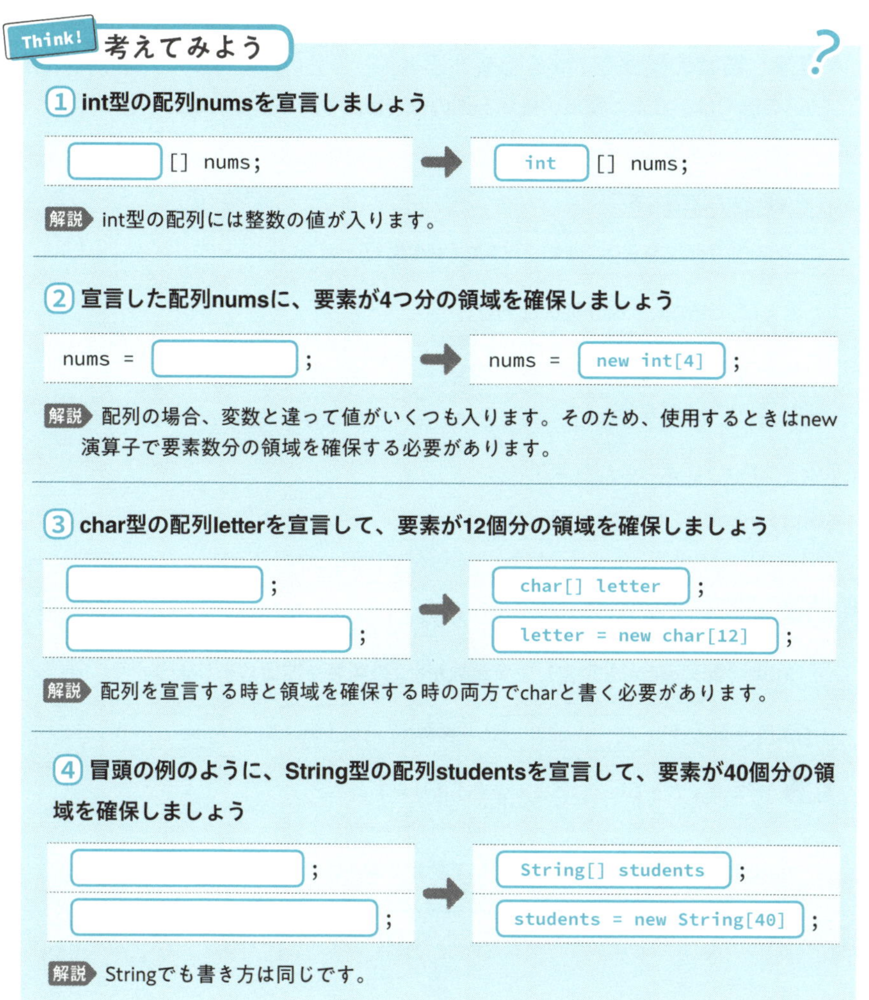

Think! 考えてみよう

① int型の配列numsを宣言しましょう

```
[        ] [] nums;   →   [ int ] [] nums;
```

解説 int型の配列には整数の値が入ります。

② 宣言した配列numsに、要素が4つ分の領域を確保しましょう

```
nums = [        ];   →   nums = [ new int[4] ];
```

解説 配列の場合、変数と違って値がいくつも入ります。そのため、使用するときはnew演算子で要素数分の領域を確保する必要があります。

③ char型の配列letterを宣言して、要素が12個分の領域を確保しましょう

```
[        ];           [ char[] letter ];
[        ];     →     [ letter = new char[12] ];
```

解説 配列を宣言する時と領域を確保する時の両方でcharと書く必要があります。

④ 冒頭の例のように、String型の配列studentsを宣言して、要素が40個分の領域を確保しましょう

```
[        ];           [ String[] students ];
[        ];     →     [ students = new String[40] ];
```

解説 Stringでも書き方は同じです。

COLUMN

配列の宣言のもうひとつの書式

配列の宣言は次のように記述することもできます。

```
データ型 変数名 [];
```

次の2つの書き方はどちらも同じです。

```
int[] ages;
```

```
int ages[];
```

宣言と領域の確保を1行で記述する

前述の例では、宣言と領域の確保を別の行で記述していましたが、それらをまとめて1行で記述することもできます。

1 行でまとめて宣言する

```
データ型 [] 配列変数名 = new データ型 [ 要素数 ];
```

たとえば、次のようなint型の配列は、

```
int[] ages:
ages = new int[5];
```

次のように1行にまとめられます。

```
int[] ages = new int[5];
```

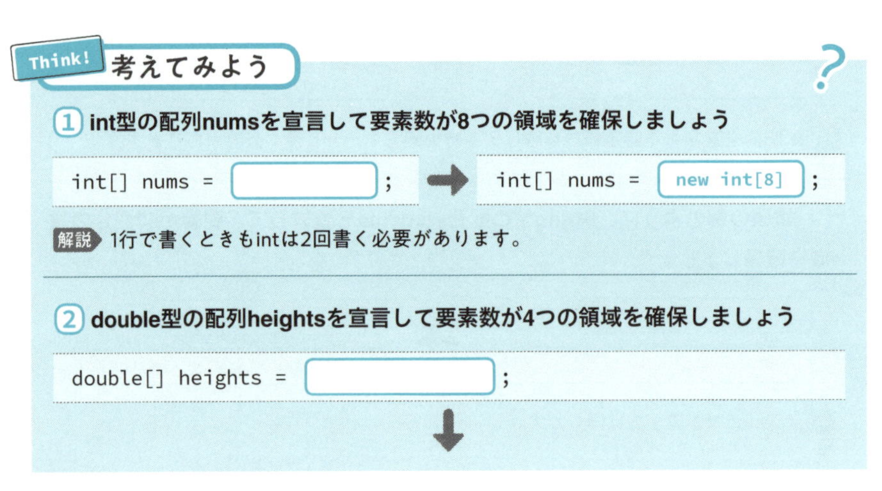

```
double[] heights = new double[4] ;
```

解説 double型でも書き方は同じです。

Chapter 7

配列の要素にアクセスする

配列を宣言しnew演算子で領域を確保したら、**次の形式で各要素にアクセスできます。**

```
変数名 [ 添字 ];
```

添字（インデックス）は最初の要素を「0」とする連番である点に注意しましょう。 つまり最初の要素は「**変数名[0]**」となります。

たとえば、int型の配列agesを要素数5で宣言し、最初の要素に「10」、2番目の要素に「15」、3番目の要素に「20」という整数を代入するには、次のように記述します。

```
int[] ages = new int[5];
ages[0] = 10;   最初の要素に10を代入
ages[1] = 15;   2番目の要素に15を代入
ages[2] = 20;   3番目の要素に20を代入
```

また、3番目の要素の値を画面に表示するには、次のようにSystem.out.printlnメソッドの引数に「ages[2]」を指定します。

```
System.out.println(ages[2]);   3番目の要素を表示する
```

以上を踏まえて、要素数が5の配列agesを宣言して適当な値を代入し、すべての要素を表示する例を見てみましょう。

Array1.java(mainメソッド部分)

```
public static void main(String[] args){
    int[] ages = new int[5];
```

```
        ages[0] = 10;  // 最初の要素に10を代入
        ages[1] = 15;  // 2番目の要素に15を代入
        ages[2] = 20;  // 3番目の要素に20を代入
        System.out.println(ages[0]);
        System.out.println(ages[1]);
        System.out.println(ages[2]);
        System.out.println(ages[3]);
        System.out.println(ages[4]);
    }
```

実行結果を見るとわかるように、領域を確保しただけで、なにも代入していない要素の値は「0」となる点に注意しましょう。

実行結果

```
10
15
20
0   // 値を代入していない要素は0になる
0   // 値を代入していない要素は0になる
```

Think! 考えてみよう

① double型の配列heightsの最初の要素に「180.0」を代入しましょう

```
double[] heights = new double[3];
[          ];
heights[1] = 172.5;
heights[2] = 165.0;
```

↓

```
double[] heights = new double[3];
heights[0] = 180.0;
heights[1] = 172.5;
heights[2] = 165.0;
```

解説 最初の要素の添字は「0」である点に注意しましょう。

② 配列heightsの2番目の要素を出力してみましょう

```
System.out.println(                );
```

↓

```
System.out.println( heights[1] );
```

解説 添字が「1」の要素が2番目の要素です。

③ int型の配列numsを要素数2で宣言し、10、100の値を保存してみましょう

```
                    ;
                    ;
                    ;
```

→

```
int[] nums = new int[2] ;
nums[0] = 10 ;
nums[1] = 100 ;
```

解説 最初の要素の添字は「0」になることを覚えておきましょう。

Chapter 7

配列の宣言と要素の初期化をひとつの文で行う

次の書式を使用することで、**配列の宣言と領域の確保、各要素への値の代入をまとめて行えます。**

```
データ型 [] 変数名 = { 値1, 値2, ... };
```

右辺では「{」から「}」の間に、カンマ「,」で区切って各要素に代入する値を順に記述します。右辺の形式を「**配列リテラル**」といいます。

この場合、**配列の要素数を指定しない**点に注意しましょう。{ }内に指定した要素の数の領域が自動的に確保されます。

たとえば、配列agesを宣言し、各要素に「10」、「15」、「20」を代入する際は、次のように書いていました。

これまでの配列の宣言

```
int[] ages = new int[3];
ages[0] = 10;
```

```
ages[1] = 15;
ages[2] = 20;
```

これを、宣言と同時に配列リテラルで値を代入して初期化するには次のように記述します。

```
int[] ages = {10, 15, 20};
```

なお、**配列の宣言と、「{値1, 値2, ... }」による値の設定を別の文で行うことはできません。**次の文はエラーになります。

```
int[] ages;
ages = { 10, 15, 20 };   ← エラーになる
```

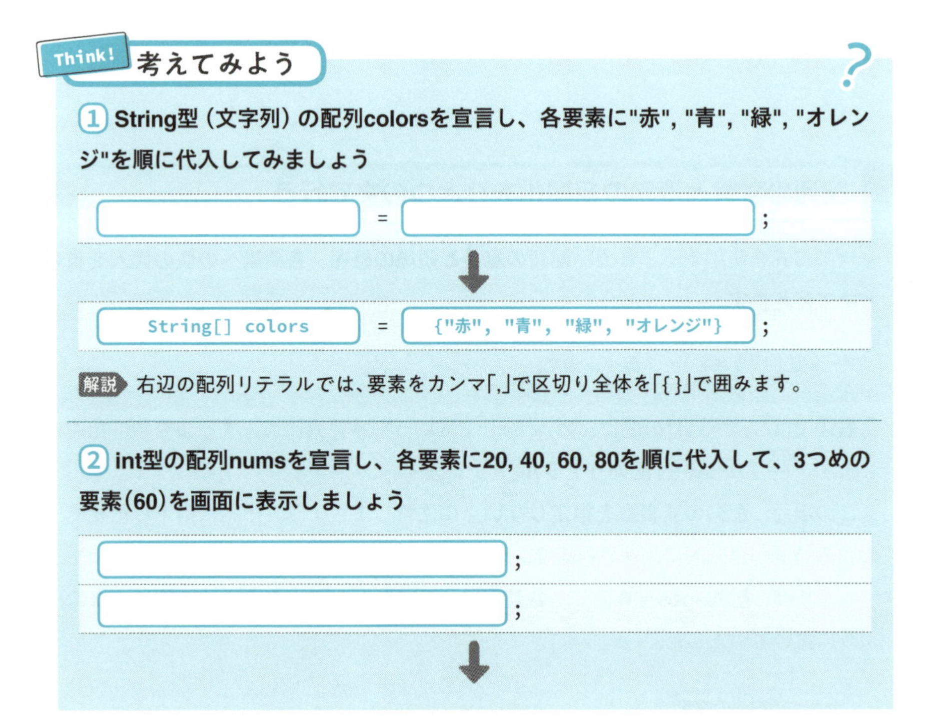

Think! 考えてみよう

① String型（文字列）の配列colorsを宣言し、各要素に"赤", "青", "緑", "オレンジ"を順に代入してみましょう

```
[            ] = [            ];
```

↓

```
String[] colors = {"赤", "青", "緑", "オレンジ"};
```

解説 右辺の配列リテラルでは、要素をカンマ「,」で区切り全体を「{ }」で囲みます。

② int型の配列numsを宣言し、各要素に20, 40, 60, 80を順に代入して、3つめの要素(60)を画面に表示しましょう

```
[            ];
[            ];
```

↓

```
int[] nums = {20, 40, 60, 80};
System.out.println(nums[2]);
```

解説 要素を配列リテラルで初期化した場合でも、添字は「0」から始まります。

Chapter 7

配列の要素数はlength変数に

配列の要素数は**「length」という変数(フィールド)に格納されています。**次の形式でアクセスできます。

```
配列変数 .length
```

たとえば、次のように配列numsを初期化したとします。

```
int[] nums = {10, 15, 20, 9};
```

この場合「nums.length」は「4」になります。

JavaScript などの言語の配列とは異なり、Java の配列はあとから要素数を変更できません。つまり、初期化後は length は変わりません。また、length に値を代入して配列の要素数を変えることもできません。

Think! 考えてみよう

① 配列heightsの要素数を表示してみましょう

```
double[] heights = new double[3];
System.out.println(              );
```

↓

```
double[] heights = new double[3];
System.out.println(heights.length);
```

解説 lengthには配列の要素数が格納されています。添字は「0」からはじまりますが、要素数は「1」から始まります(「0」は空の配列)。そのため、配列の最後の要素はheights[2]で添字が「2」になりますが、配列の要素数は「3」と食い違います。

② int型の配列numsを宣言し、各要素に20, 40, 60, 80, 100を順に代入して、要素数を画面に表示しましょう

```
[              ];
[              ];
```

↓

```
int[] nums = {20, 40, 60, 80, 100};
System.out.println(nums.length);
```

解説 実行すると、「5」と表示されます。

lengthを使用して最後の要素を指定する

変数lengthを使用すると、**配列の最後の要素の添字は「配列変数.length - 1」と表現できます**（添字は0から始まるので、「配列変数.length」ではない点に注意しましょう）。

次の例では配列numsの最後の要素は「nums[3]」もしくは「nums[nums.length - 1]」でアクセスできます。

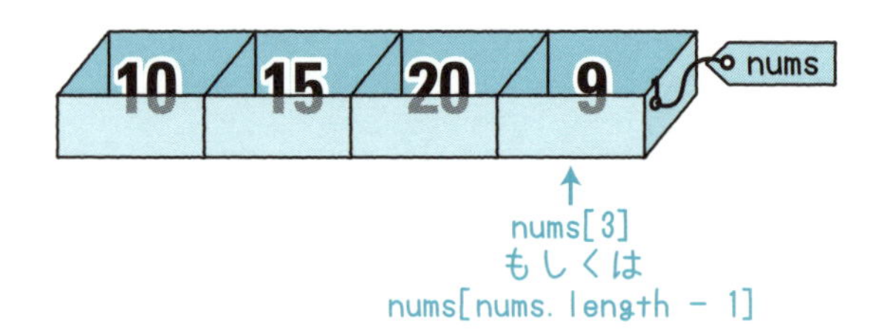

配列の要素数は4なので、「nums.length - 1」は3となります。要素数が5であれば、「nums.length - 1」は4です。「nums[3]」のように添字を数値で指定する方法は要素数を把握している必要がありますが、「nums[nums.length - 1]」ではその必要がありません。また要素数を誤って指定するといったミスもなくなります。

Think! 考えてみよう

① lengthを使って配列numの最後の要素を表示しましょう

```
int[] nums = {10, 15, 20, 9};
System.out.println(            );
```

↓

```
int[] nums = {10, 15, 20, 9};
System.out.println( nums[nums.length - 1] );
```

解説 最後の要素の添字は「要素数 - 1」となります。「9」と表示されます。

② lengthを使用して配列numsの最後から2番目の要素を指定しましょう

```
System.out.println(            );
```

↓

```
System.out.println( nums[nums.length - 2] );
```

解説 要素数から2を引くことで、最後から2番目の要素を指定できます。「20」と表示されます

③ int型の配列numsを宣言し、各要素に20, 40, 60, 80, 100を順に代入して、最後の要素を画面に表示しましょう

```
            ;
            ;
```

↓

```
int[] nums = {20, 40, 60, 80, 100} ;
System.out.println(nums[nums.length - 1]) ;
```

解説 配列の要素数が5の場合はnums[4]とも書けますが、こう書くことで配列の要素数が5以外の場合でも、配列の最後の要素を指定できます。

for文を使用して配列のすべての要素にアクセスする

このセクションでは、配列のすべての要素に順に for 文を使用してアクセスする方法について解説します。さらに、コマンドライン引数を受け取る方法も見てみましょう。

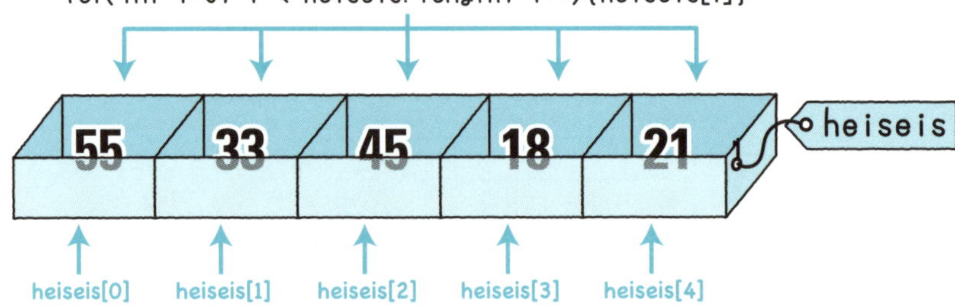

配列のすべての要素に順にアクセスするには

配列のすべての要素を順に表示したいとしましょう。次のように、「配列変数名[添字]」の形式で順にアクセスすることはできます。

ArrayFor1.java (main メソッド部分)

```
public static void main(String[] args){
    int[] ages = {10, 15, 20};
    System.out.println(ages[0]);
    System.out.println(ages[1]);
    System.out.println(ages[2]);
}
```

実行結果

```
10
15
20
```

ただし、要素数が数個といった場合にはこれでもかまいませんが、要素数が多い場合には現実的ではありません。たとえば、配列agesに要素が100個ある場合には、100行の「System.out.println(〜)」を記述する必要があります。

```
System.out.println(ages[0]);
System.out.println(ages[1]);
System.out.println(ages[2]);
  ⋮
System.out.println(ages[99]);
```

その場合、P216で解説した**for文を使用すると、すべての要素に簡単にアクセスできます**。まず、for文の書き方を復習してみましょう。

```
for ( 初期化式 ; 条件式 ; 制御変数の更新 ) {
    処理
}
```

for文で配列のすべての要素を表示する場合を見ていきます。配列の添字は、最初の要素が「0」から始まります。したがって、for文の「初期化式」は次のようになります。

```
int i = 0
```

添字の最大値は「配列変数名.length - 1」、つまり「配列変数名.length」未満までですから、「条件式」は次のようになります。

```
i < 配列変数名 .length
```

「制御変数の更新」には「i++」を指定します。まとめると、for文の()内は次のようになります。

```
for (int i = 0; i < 配列変数名 .length; i++){
    処理
}
```

では、実際にfor文を使用して先ほどの配列agesの要素を順に表示する例を見てみましょう。

ArrayFor2.java (mainメソッド部分)

```
public static void main(String[] args){
    int[] ages = {10, 15, 20};
    for(int i = 0; i < ages.length; i++) {
        System.out.println(ages[i]);
    }
}
```

Think! 考えてみよう

① String型の配列のnamesに"太郎"、"花子"、"由紀子"、"真一"を格納し、順に表示してみましょう

```
String[] names = [            ];
[                    ] {
    [                ];
}
```

↓

```
String[] names = {"太郎", "花子", "由紀子", "真一"};
for(int i = 0; i < names.length; i++) {
    System.out.println(names[i]);
}
```

解説 「i < names.length」の部分は「i <= names.length -1」と書いてもかまいません。

② 配列namesの要素を逆順に表示するfor文を書いてみましょう

```
for(int i = [          ]; i [      ]; i [   ]) {
    System.out.println(names[i]);
}
```

↓

```
for(int i = names.length - 1 ; i >= 0 ; i -- ) {
    System.out.println(names[i]);
}
```

解説 逆順に表示するときは、制御変数iを「要素数 - 1」から0になるまで「-1」ずつ変化させます。

Chapter 7

for文で配列の要素を順に処理するには

もうひとつ、別の例を見てみましょう。配列heiseisの各要素に平成の年が保存されているものとして、それを**西暦に変換して表示するプログラム**をつくってみます。

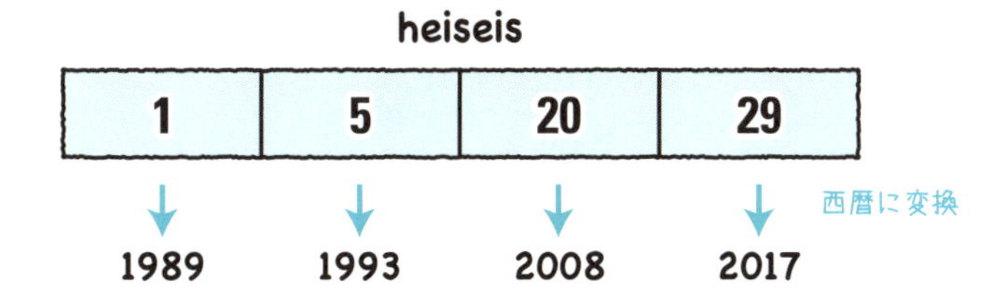

西暦の年は、平成の年の値に1988を足すことで求められます。

ArrayFor3.java(mainメソッド部分)

```
public static void main(String[] args) {
    int[] heiseis = { 1, 5, 20, 29 }; ①
    for (int i = 0; i < heiseis.length; i++) { ②
        int seireki = heiseis[i] + 1988; ③
        System.out.println("平成" + heiseis[i] + "年 -> " +
        "西暦" + seireki + "年"); ④
    }
}
```

①でint型の配列heiseisを宣言し、要素として1、5、20、29を順に代入しています。②のfor文で、変数iを0から「配列heiseisの要素数未満」まで変化させています。③で変数iを添字に配列heiseisの要素を取り出し、1988を足して西暦の年を求め

て、変数seirekiに代入しています。

④で、System.out.printlnメソッドで平成年と、対応する西暦年を表示しています。

実行結果

```
平成1年 -> 西暦1989年
平成5年 -> 西暦1993年
平成20年 -> 西暦2008年
平成29年 -> 西暦2017年
```

Think! 考えてみよう

① 西暦2000年以降の年のみ表示するように変更してみましょう

```
int[] heiseis = { 1, 5, 20, 29 };
for (int i = 0; i < heiseis.length; i++) {
    int seireki = heiseis[i] + 1988;
    if (                ) {
        System.out.println("平成" + heiseis[i] + "年 -> " +
        "西暦" + seireki + "年");
    }
}
```

↓

```
int[] heiseis = { 1, 5, 20, 29 };
for (int i = 0; i < heiseis.length; i++) {
    int seireki = heiseis[i] + 1988;
    if ( seireki >= 2000 ) {
        System.out.println("平成" + heiseis[i] + "年 -> " +
        "西暦" + seireki + "年");
    }
}
```

解説 for文の内部でif文などほかの制御文を使用してもかまいません。

2 西暦の年が入っている配列seirekisを平成に変換して表示してみましょう

```
int[] seirekis = { 1992, 1995, 2004, 2018 };
for ( [          ] ) {
    int [    ] = [    ] - 1988;
    System.out.println("西暦" + [    ] + "年 -> " +
    "平成" + heisei + "年");
}
```

↓

```
int[] seirekis = { 1992, 1995, 2004, 2018 };
for ( int i = 0; i < seirekis.length; i++ ) {
    int heisei = seirekis[i] - 1988;
    System.out.println("西暦" + seirekis[i] + "年 -> " +
    "平成" + heisei + "年");
}
```

解説 西暦の年を平成に変換するには「1988」を引きます。ただし、この例では平成年の範囲のチェックは行っていません。範囲をチェックする場合は、変数heiseiが0以上かつ31以下かどうかをif文で確認し、成立する場合のみ表示する形にするといいでしょう。1の例を参考に考えてみてください。

Chapter 7

lengthを使うと要素の数が増えても変更が簡単

もう一度、配列heiseisの平成年を西暦に変換するプログラムを見てみましょう。

ArrayFor3.java(mainメソッド部分)

```
int[] heiseis = { 1, 5, 20, 29 };   ← 1
for (int i = 0; i < heiseis.length; i++) {
    int seireki = heiseis[i] + 1988;
    System.out.println("平成" + heiseis[i] + "年 -> " + "西暦"
    + seireki + "年");
}
```

ここで、より多くの平成年を西暦に変換したいとすると、どうすればいいでしょう？　それには、単に①の配列heiseisを宣言して初期化している部分に、要素を追加すればよいのです。

```
int[] heiseis = { 1, 5, 20, 29, 4, 9 };
```

このように、for文の条件式に要素数を直接指定する代わりに、「i < 配列名.length」のように変数lengthを使うことで、**要素の数にかかわらず処理を行える**わけです。

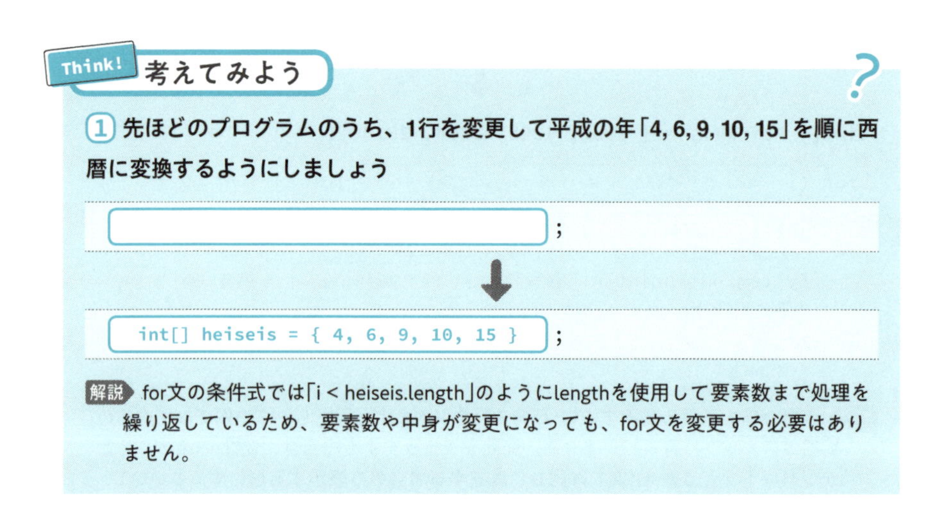

Think! 考えてみよう

① 先ほどのプログラムのうち、1行を変更して平成の年「4, 6, 9, 10, 15」を順に西暦に変換するようにしましょう

```
[                    ];
        ↓
int[] heiseis = { 4, 6, 9, 10, 15 };
```

解説 for文の条件式では「i < heiseis.length」のようにlengthを使用して要素数まで処理を繰り返しているため、要素数や中身が変更になっても、for文を変更する必要はありません。

拡張for文でよりシンプルに記述する

JavaのJ2SE 5.0というバージョン（2004年9月公開）以降では、「**拡張for文**」（enhanced for statement）と呼ばれる、より簡単に配列のすべての要素を順に処理できる制御構造が使用できます。

```
for （データ型 変数： 配列変数） {
    処理
}
```

拡張for文では、**配列変数から要素が順に取り出され、変数に格納されます。**「ArrayFor3.java」を拡張for文で記述した例を見てみましょう。

ArrayFor4.java(mainメソッド部分)

```
public static void main(String[] args) {
    int[] heiseis = { 1, 5, 20, 29 };
    for (int hyear: heiseis) { ①
        int seireki = hyear + 1988;
        System.out.println("平成" + hyear + "年 -> " + "西暦"
        + seireki + "年");
    }
}
```

①で拡張for文を使用しており、配列heiseisの要素が順に変数hyearに代入されていきます。**通常のfor文でのlengthと添字の処理が不要になって、よりシンプルに記述できる**点に注目しましょう。

Think! 考えてみよう

① "春", "夏", "秋", "冬"がString型の配列seasonsに入っています。各要素を拡張for文で表示しましょう

```
String[] seasons = {"春", "夏", "秋", "冬"};
for ([          ]){
    System.out.println([      ]);
}
```

↓

```
String[] seasons = {"春", "夏", "秋", "冬"};
for ( String season: seasons ){
    System.out.println( season );
}
```

解説 変数「season」はほかの名前でもかまいません。

Chapter 7

コマンドライン引数について

Chapter2の「Javaプログラムをコンパイルして実行しよう」(P54) で説明したように、Javaプログラムをターミナルで実行するには次のように入力します。

```
java クラス名
```

このときJavaプログラムに引数を渡すことができます。これを「**コマンドライン引数**」と呼び、クラス名の後にスペースで区切って指定します（Javaのメソッドの引数のようにカンマで区切らない点に注意しましょう）。

```
java クラス名 引数1 引数2 ...
```

コマンドライン引数はmainメソッドに渡されます。ここで、mainメソッドの定義をもう一度見てみましょう。

```
public static void main(String[] args) {
```

()の中には「String[] args」とあります。これは**コマンドライン引数がString型の配列としてargsという名前で渡される**ことを表しています（argsは「arguments:引数」の略）。

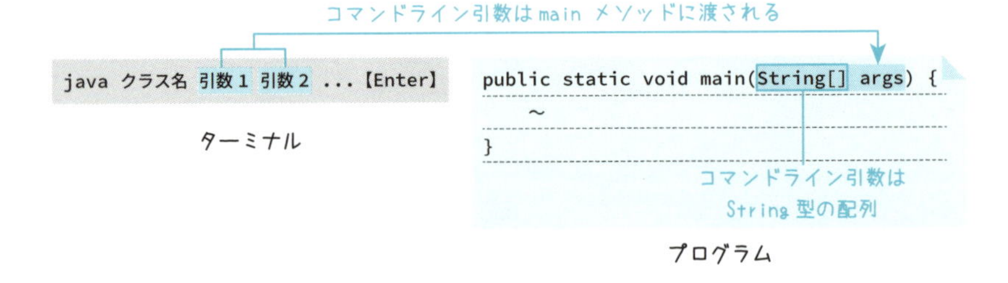

受け取ったコマンドライン引数argsは、**mainメソッドの内部で通常の配列として扱えます**。for文を使用してコマンドライン引数を順に表示する例を見てみます。

Arg1.java(main メソッド部分)

```
public static void main(String[] args){
    for (int i = 0; i < args.length; i++) { ←1
        System.out.println(args[i]); ←2
```

```
        }
}
```

コマンドライン引数のargsは通常の配列ですので**「args.length」で要素数がわかります。**①でfor文を使用して配列argsから要素を順に取り出し、②で表示しています。

●ターミナルでコンパイルして実行する●

VS Codeの「Run」ボタンで実行するときにコマンドライン引数を渡すこともできますが、それには設定ファイル(launch.json)を変更する必要があります。

ここではオーソドックスな「ターミナル」でコンパイルして実行する方法で試してみましょう。まず、「Arg1.java」をjavacコマンドでコンパイルします。

```
javac -encoding UTF-8 Arg1.java
```

次に、javaコマンドを引数をつけて実行します。

```
java Arg1 テスト Java【Enter】  ← 2つの引数を指定
テスト  ← 最初の引数
Java  ← 2番目の引数
```

Think! 考えてみよう

① Arg1.javaでfor文の代わりに拡張for文を使用してみましょう

```
for (            ) {
    System.out.println(        );
}
```

↓

```
for ( String arg: args ) {
    System.out.println( arg );
}
```

解説 変数「arg」はほかの名前でもかまいません。

② 渡されたコマンドライン引数を、拡張for文ですべて大文字にして表示してみましょう

```
for (String arg: args) {
    [          ];
}
```

↓

```
for (String arg: args) {
    System.out.println(arg.toUpperCase());
}
```

解説 toUpperCaseメソッドは文字列を大文字にできます（P121参照）。

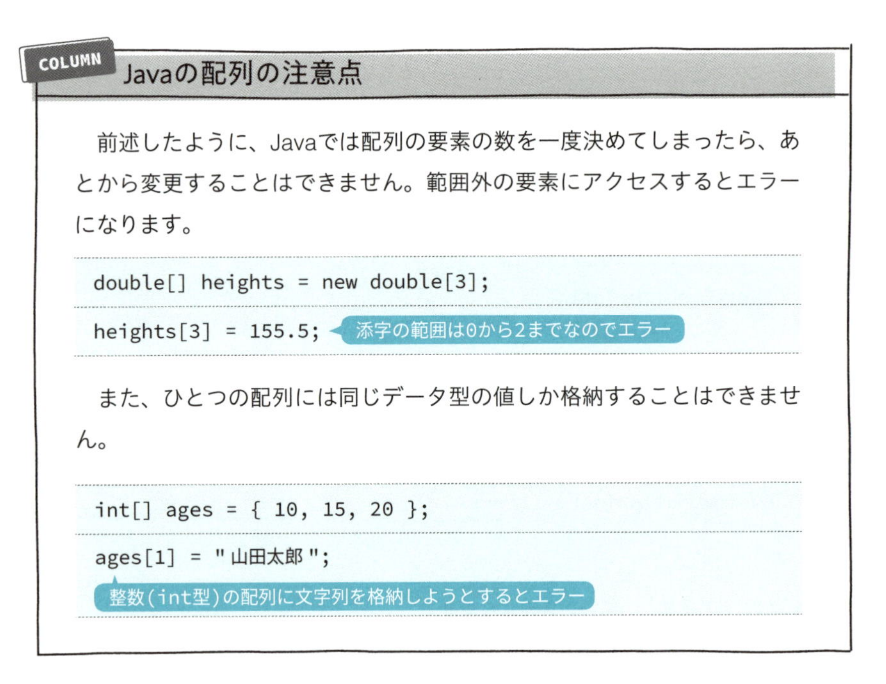

COLUMN
Javaの配列の注意点

前述したように、Javaでは配列の要素の数を一度決めてしまったら、あとから変更することはできません。範囲外の要素にアクセスするとエラーになります。

```
double[] heights = new double[3];
heights[3] = 155.5;
```


また、ひとつの配列には同じデータ型の値しか格納することはできません。

```
int[] ages = { 10, 15, 20 };
ages[1] = "山田太郎";
```

Chapter 8

処理をメソッドにまとめる

これまでStringクラスやMathクラスに用意されているメソッドを使用してきましたが、メソッドは自分で作成することもできます。このセクションでは、オリジナルのメソッドを作成する方法について説明します。

簡単なメソッドを定義してみよう

よく使う処理をとしてメソッドにまとめておくと、そのつど処理を記述する手間を省くことができ、プログラムの見通しもよくなります。

```
static void sayHello() {
    System.out.println("Hello!");
}

public static void main(String[] args) {
    sayHello();
}
```

よく使う処理は
メソッドにまとめられる

メソッドとは

まず、復習をかねてメソッドについて確認しておきましょう。メソッドは**ひとまとまりの処理をまとめてメソッド名で呼び出せるようにしたもの**です。メソッドに渡す値を「**引数**」、メソッドが結果として戻す値を「**戻り値**」と呼びます。たとえば、P140に出てきたMath.maxは2つのdouble型の引数を取り、より大きい数値を戻り値として戻します。

このとき、**メソッドの中身は魔法の箱やブラックボックスに例えられます。**これは、たとえばMath.maxなら、Math.maxメソッドの内部でどのようなコードが書かれて処理が行われているかは必ずしも知る必要がないという意味です。

たとえばガチャガチャの動作をメソッドとして考えてみましょう。お金を入れてレバーを回すとカプセルトイが出てきますが、**お金を引数、カプセルトイを戻り値**と考えるとよいでしょう。

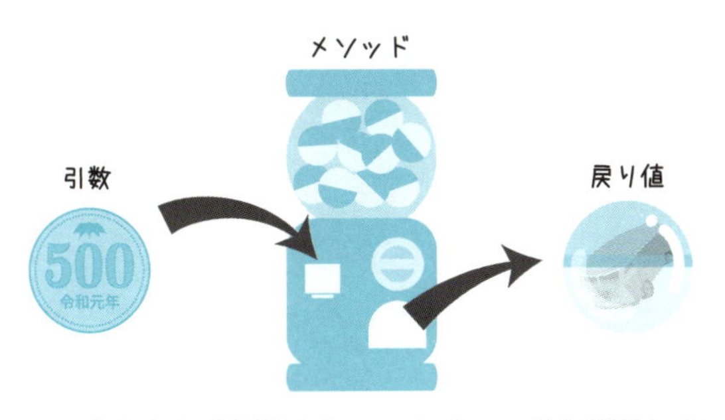

これまではJavaにあらかじめ用意されていたメソッドを利用していましたが、自分でつくることもできます。よく書く処理をメソッドとして自作することで、繰り返し同じ処理を書く必要がなく、プログラムの見通しもよくなります。

●メソッドは引数と戻り値の情報がわかれば使用できる●

実際のメソッドでは、**引数は複数指定できますが、戻り値は基本的に1つだけ**です。といっても、複数の値を戻せないわけではありません。たとえば複数の要素を持つ配列（P242参照）を戻り値とすることもできます。ただし、かたまりとしては戻り値は1つと考えてください。

たとえば、ドルの金額と為替レートを引数とし、円の金額を戻り値とするdollarToYenメソッドがあるとします。**引数は2つですが、戻り値は円の金額だけ**です。

引数が２つでも戻り値は１つ

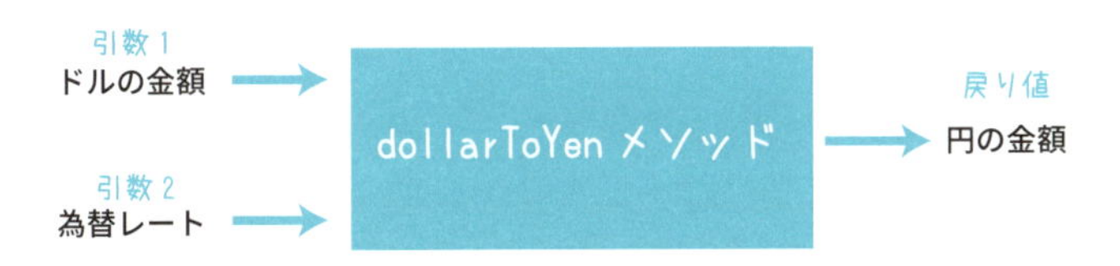

この場合、dollarToYenメソッドを使う上では、内部でどのような計算が行われているかを知る必要はありません。**メソッドの名前と何を行うのか**、そして次のような**引数と戻り値に関する情報**がわかればメソッドを利用できるわけです。

・引数：ドルと為替レートを double 型の値で指定する
・戻り値：円の値を double 型で戻す

引数や戻り値のないメソッドも作成できます。たとえば、現在時刻に応じた挨拶を画面に表示するsayHelloメソッドは、引数も戻り値も必要ありません。

引数と戻り値のないメソッド

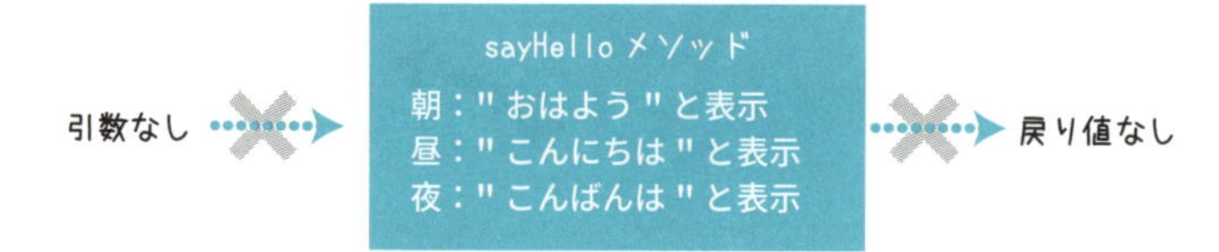

メソッドの定義の書式

では、メソッドを定義する際の基本的な書式を見てみましょう。

```
修飾子 戻り値の型 メソッド名 ( 引数の型 1 変数名 1, 引数の型 2 変数名 2, ...){
    処理
    return 戻り値 ;
}
```

戻り値がある場合にはreturn文で戻り値を指定します。

●mainメソッドの定義を確認する●

ここで、これまでなんども出てきたmainメソッドを見ながらメソッドの定義を確認しましょう。

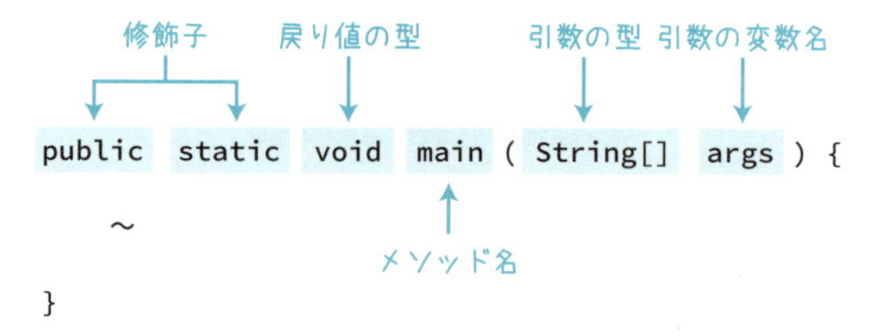

先頭の「public」と「static」の2つが修飾子です。最初の「public」が、メソッドを外部に公開する指定で**アクセス修飾子**と呼ばれます。「static」がインスタンスを生成せずに呼び出すことができるスタティックメソッド(P132)であることを示します。

戻り値の型に「**void**」が指定されていますが、これは戻り値のないことを表します。また、mainメソッドの引数は「args」だけで、これは**String型の配列**です。

引数と戻り値のないメソッドを作成する

メソッドが「**スタティックメソッド**」と「**インスタンスメソッド**」の2種類に大別されることはP132で説明しました。ここではシンプルなスタティックメソッドを定義してmainメソッドから呼び出してみましょう。

注意点としてmainメソッドはスタティックメソッドですが、**スタティックメソッドから直接呼び出すメソッドはスタティックメソッドとして定義する**必要があります。

次の例は、単に"こんにちは"と表示するhello1メソッドを定義しています。引数と戻り値はありません。

Hello1.java

```
public class Hello1 {
    static void hello1() { ←①
        System.out.println(" こんにちは "); ←②
    }
    public static void main(String[] args) {
        hello1(); ←③
    }
}
```

①でhello1メソッドを定義しています。修飾子としては「static」のみを指定しています。

このメソッドは**クラスの外部から呼び出すことはありませんので「public」は指定しなくてもかまいません。**hello1メソッドには**戻り値はありませんから、戻り値の型は「void」になります。**引数はありませんが、その場合でもメソッド名の最後の「()」は必要です。メソッドの内部では②で"こんにちは"と表示しています。

③でmainメソッドからhello1メソッドを呼び出しています。

実行結果

```
こんにちは
```

Think! 考えてみよう

① 「さようなら」と表示するbyeメソッドを定義してmainメソッドから呼び出し

```
[          ] {
    System.out.println("[          ]");
}
public static void main(String[] args) {
    bye();
}
```

↓

```
static void bye() {
    System.out.println("さようなら");
}
public static void main(String[] args) {
    bye();
}
```

② P269のHello1クラスで定義したhello1メソッドを「static」なしで定義した場合、mainメソッドからどのように呼び出す必要があるか考えてみましょう

```
void hello1() {
    System.out.println("こんにちは");
}
public static void main(String[] args) {
    [                    ];
    [               ];
}
```

↓

```
void hello1() {
    System.out.println("こんにちは");
}
public static void main(String[] args) {
    Hello1 hello = new Hello1();
    hello.hello1();
}
```

解説 メソッド定義で修飾子「static」を消してしまうと、これまでの呼び出し方だと「non-static method hello1() cannot be referenced from a static context」というエラーが出ます。static修飾子がないメソッドはインスタンスメソッドなので、呼び出す際にはインスタンスの生成が必要です。インスタンスメソッドの場合は、newでHello1クラスのインスタンスを生成して変数（ここではhello）に格納し、「インスタンス名.メソッド名()」として実行します。本Chapterでは、インスタンスメソッドではなく、スタティックメソッドを解説していきます。

Chapter 8

引数のあるメソッド

続いて引数のあるメソッドの例として、名前を引数として受け取り、"こんにちは○○さん"と表示するhello2メソッドを見てみましょう。

Hello2.java

```
public class Hello2 {
    static void hello2(String name) { ❶
        System.out.println("こんにちは" + name + "さん"); ❷
    }
    public static void main(String[] args) {
        hello2("田中"); ❸
        hello2("山田"); ❹
    }
}
```

hello2メソッドの定義では①**で引数にString型のnameを指定しています。**渡された引数nameを②で"こんにちは"と"さん"に連結して表示しています。

③④で、引数にそれぞれ"田中"、"山田"を指定してhello2メソッドを呼び出しています。

実行結果

こんにちは田中さん	③の実行結果
こんにちは山田さん	④の実行結果

このように、System.out.println文を何度も書かなくても、「hello2(引数);」と書くだけで画面に表示できます。これがメソッドを利用するメリットです。

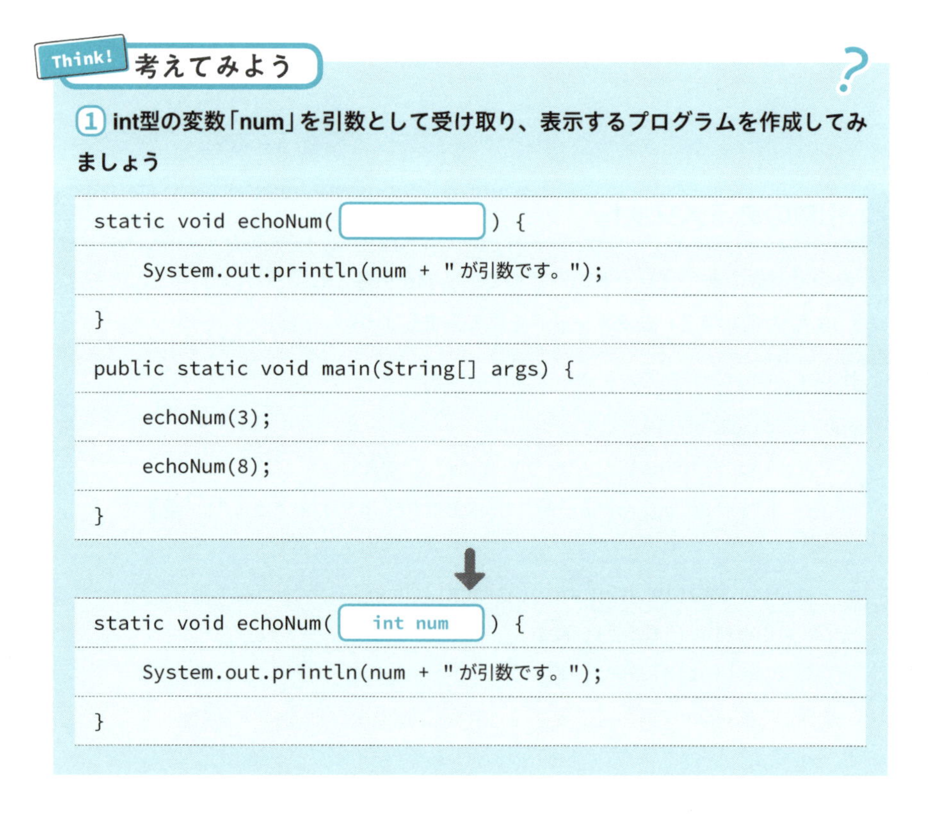

Think! 考えてみよう

1 int型の変数「num」を引数として受け取り、表示するプログラムを作成してみましょう

```
static void echoNum(            ) {
    System.out.println(num + "が引数です。");
}
public static void main(String[] args) {
    echoNum(3);
    echoNum(8);
}
```

↓

```
static void echoNum( int num ) {
    System.out.println(num + "が引数です。");
}
```

```
public static void main(String[] args) {
    echoNum(3);
    echoNum(8);
}
```

解説 メソッドの引数にはString型以外にも、int、long、doubleなどさまざまな型を使うことができます。実行すると、「3が引数です。」、「8が引数です。」と表示されます。

Chapter 8

② int型の変数「num1」、「num2」を引数として受け取り、その合計を表示するプログラムを作成してみましょう

```
static void addNum(                    ) {
    int result = num1 + num2;
    System.out.println("合計は" +            + "です。");
}
public static void main(String[] args) {
    addNum(3, 8);
}
```

↓

```
static void addNum( int num1, int num2 ) {
    int result = num1 + num2;
    System.out.println("合計は" + result + "です。");
}
public static void main(String[] args) {
    addNum(3, 8);
}
```

解説 引数に指定した2つの整数の足し算を行っています。実行すると「合計は11です。」と表示されます。

③ String型の変数「funcType」とint型の変数「num1」、「num2」を引数として受け取り、計算結果を表示するプログラムを作成してみましょう。funcTypeは「足し算」、「引き算」、「掛け算」、「割り算」を指定するものとします

```
static void basicCalc(                              ) {
    int result = 0;
    switch(          ){
        case "足し算":
            result =             ;
            break;
        case "引き算":
            result =             ;
            break;
        case "掛け算":
            result =             ;
            break;
        case "割り算":
            result =             ;
            break;
    }
    System.out.println(funcType + "の結果は" + result + "です。");
}
public static void main(String[] args) {
    basicCalc("足し算", 9, 3);
    basicCalc("引き算", 9, 3);
    basicCalc("掛け算", 9, 3);
    basicCalc("割り算", 9, 3);
}
```

```
static void basicCalc( String funcType, int num1, int num2 ) {
    int result = 0;
    switch( funcType ){
        case "足し算":
            result = num1 + num2 ;
            break;
        case "引き算":
            result = num1 - num2 ;
            break;
        case "掛け算":
            result = num1 * num2 ;
            break;
        case "割り算":
            result = num1 / num2 ;
            break;
    }
    System.out.println(funcType + "の結果は" + result + "です。");
}
public static void main(String[] args) {
    basicCalc("足し算", 9, 3);
    basicCalc("引き算", 9, 3);
    basicCalc("掛け算", 9, 3);
    basicCalc("割り算", 9, 3);
}
```

解説 変数「funcType」によって計算の方法を変えています。このような条件分岐にはswitch文が便利です。実行すると「足し算の結果は12です。」、「引き算の結果は6です。」、「掛け算の結果は27です。」、「割り算の結果は3です。」と表示されます。
ただし、実はこのプログラムには不具合があります。「funcType」に想定外の文字列が入ってしまった場合の処理が正しくありません。その対策は次の項目で説明します。

戻り値のあるメソッド

戻り値のあるメソッドを定義してみましょう。メソッドから値を戻すにはreturn文を使用します。

```
return 値;
```

ドルの金額と為替レートを引数として受け取り、円の金額を返すdollarToYenメソッドの定義例を見てみましょう。

DollarToYen1.java(dollarToYenメソッド部分)

```
static double dollarToYen(double dollar, double rate) { ❶
    return dollar * rate; ❷
}
```

①でdollarToYenメソッドを定義しています。

```
static double dollarToYen(double dollar, double rate)
```


②のreturn文では、引数dollarと引数rateの値を掛けて円の金額を計算して戻しています。

次にmainメソッド部分を示します。

DollarToYen1.java(mainメソッド部分)

```
public static void main(String[] args) {
    double rate = 110.0;
    double dollar, yen;
    dollar = 2.0;
    yen = dollarToYen(dollar, rate); ③
    System.out.println(dollar + "ドル -> " + yen + "円"); ④

    dollar = 4.0;
    yen = dollarToYen(dollar, rate); ⑤
    System.out.println(dollar + "ドル -> " + yen + "円"); ⑥
}
```

mainメソッドでは③⑤でdollarToYenメソッドを呼び出して戻り値をyenに代入しています。④⑥でドルと円の金額を表示しています。

実行結果

```
2.0ドル -> 220.0円
4.0ドル -> 440.0円
```

① int型の変数「num1」、「num2」を引数として受け取り、その合計を返すaddNumメソッドを作成してみましょう

```
static [      ] addNum(int num1, int num2) {
    int result = num1 + num2;
    return [        ];
}
public static void main(String[] args) {
    int sum = addNum(3, 8);
    System.out.println("合計は" + sum + "です。");
}
```

↓

```
static [ int ] addNum(int num1, int num2) {
    int result = num1 + num2;
    return [ result ];
}
public static void main(String[] args) {
    int sum = addNum(3, 8);
    System.out.println("合計は" + sum + "です。");
}
```

解説 実行すると「合計は11です。」と表示されます。

② double型の変数「num1」、「num2」を引数として受け取り、その割り算の結果をdouble型で返すdivNumメソッドを作成してみましょう

```
static [        ] divNum([            ], [            ]) {
    double result = num1 / num2;
```

```
        return result;
    }
    public static void main(String[] args) {
        double quot = divNum(5.0, 3.0);
        System.out.println("商は" + quot + "です。");
    }
```

↓

```
    static double divNum(double num1, double num2) {
        double result = num1 / num2;
        return result;
    }
    public static void main(String[] args) {
        double quot = divNum(5.0, 3.0);
        System.out.println("商は" + quot + "です。");
    }
```

解説 メソッドの戻り値にはint型以外にも、long、double、Stringなどさまざまな型を使うことができます。実行すると「商は1.6666666666666667です。」と表示されます。

③ P274の四則演算をするメソッド「basicCalc」に変更を加え、想定外の文字列が引数に渡された場合には計算できない旨を表示してみましょう

```
    static void basicCalc(String funcType, int num1, int num2) {
        int result = 0;
        switch( funcType ){
            case "足し算":
                result = num1 + num2;
                break;
```

```
        case "引き算":
            result = num1 - num2;
            break;
        case "掛け算":
            result = num1 * num2;
            break;
        case "割り算":
            result = num1 / num2;
            break;
        [         ]:
            System.out.println("計算できません。");
            [         ];
    }
    System.out.println(funcType + "の結果は" + result + "です。");
}
public static void main(String[] args) {
    basicCalc("こんにちは", 9, 3);
    basicCalc("足し算", 9, 3);
}
```

↓

```
static void basicCalc(String funcType, int num1, int num2) {
    int result = 0;
    switch( funcType ){
        case "足し算":
            result = num1 + num2;
            break;
```

```
            case "引き算":
                result = num1 - num2;
                break;
            case "掛け算":
                result = num1 * num2;
                break;
            case "割り算":
                result = num1 / num2;
                break;
            default :
                System.out.println("計算できません。");
                return ;
        }
        System.out.println(funcType + "の結果は" + result + "です。");
    }
    public static void main(String[] args) {
        basicCalc("こんにちは", 9, 3);
        basicCalc("足し算", 9, 3);
    }
```

解説 実行すると、「計算できません。」、「足し算の結果は12です。」と表示されます。戻り値のないメソッドでも、「return」を使うことで処理を終えることができます。このプログラムの場合、計算できなかったらその旨を表示して、「○○の結果は△△です。」の表示はせずに処理を終えるべきです。そのため、returnでメソッドの処理を抜けています。
このようにreturnはどこにでも記述でき、便利な使い方もあります。ただし、returnを多用しすぎると、思わぬところで処理から抜けてしまい、その後の処理が動作しないといった不具合にもつながります。あくまで必要最低限にとどめ、見通しが悪くなる記述をしないように心がけましょう。

メソッド活用のポイント

このセクションでは、メソッドを活用するのに欠かすことのできないフィールドとローカル変数の相違、および同じ名前のメソッドをオーバーロードする方法について説明します。

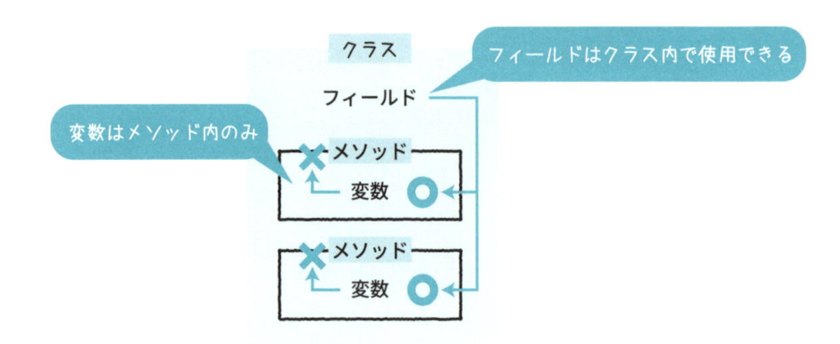

フィールドとローカル変数について

変数には有効範囲であるスコープ(P220の「制御変数の有効範囲(スコープ)について」参照)があります。メソッド内で宣言された変数は「**ローカル変数**」といい、**スコープはメソッドの内部で、ほかのメソッドからは参照できません**。また、複数のメソッドで同じ名前の変数があっても異なるものと見なされます。

同名の変数もスコープの外にあるものは別物と見なされる

```
public class MyClass {
    static void hello() {
        String name = "井上五郎";
        ～
    }

    public static void main(String[] args) {
        String name = "山田太郎";
        ～
    }
}
```

同じ変数名でも
メソッドが異なれば
違うものと
認識される

ローカル変数
スコープはメソッドの内部

ローカル変数
スコープはメソッドの内部

フィールドのスコープはクラス全体

メソッドの内部で宣言されたローカル変数に対して、**メソッドの外部で宣言された変数を「フィールド」と呼びます。**

フィールドの宣言は次のような書式になります。

```
修飾子 データ型 変数名 ;
```

ローカル変数と同様に宣言時に値を代入することもできます。

```
修飾子 データ型 変数名 = 値 ;
```

先頭に修飾子を記述できる点以外は、ローカル変数の宣言と同じです（修飾子は省略することもできます）。

このとき、**フィールドのスコープはクラス全体になります。**したがって任意のメソッドから参照できます。

フィールドのスコープ

```
public class MyClass {
    static int num = 4;
    public static void main(String[] args) {
        String name = "山田太郎";
        System.out.println(name + ":" + num);
    }
}
```

フィールド
スコープはクラス全体

ローカル変数
スコープはメソッドの内部

注意点としては、**mainメソッドなどのスタティックメソッドから直接フィールドを参照したい時は、フィールドの宣言時にstatic修飾子が必要です。**

フィールドで宣言した変数をmainメソッドで表示する例を見てみましょう。

Field1.java

```
public class Field1 {
    static String msg1 = "Hello"; ①
    static int num1 = 100; ②
    public static void main(String[] args) {
        int num1 = 200; ③
        System.out.println(msg1); ④
        System.out.println(num1); ⑤
    }
}
```

①でフィールドとしてString型の変数msg1を宣言し、"Hello"を代入しています。②ではフィールドとしてint型の変数num1を宣言し「100」を代入しています。

mainメソッドでは③でローカル変数num1を宣言し「200」を代入しています。ここでフィールドnum1と同じ名前でローカル変数num1を宣言している点に注目しましょう。こうすると**メソッドの内部ではフィールドのnum1ではなく、ローカル変数のnum1が参照されます。**

④⑤でmsg1とnum1の値を表示しています。

実行結果

```
Hello ◀ フィールドmsg1の値が表示される
200 ◀ ローカル変数num1の値が表示される
```

Think! 考えてみよう

① P270を参考に、例題の「String msg1」からstatic修飾子を外したときに、どのようにmainメソッドから参照するか考えてみましょう

```
public class Field1 {
    String msg1 = "Hello";
    public static void main(String[] args) {
        [              ];
        System.out.println([        ]);
    }
}
```

↓

```
public class Field1 {
    String msg1 = "Hello";
    public static void main(String[] args) {
        Field1 msg = new Field1();
        System.out.println(msg.msg1);
    }
}
```

解説 P270のメソッドと同様に、修飾子の「static」を消してしまうと、フィールドにアクセスする際に「non-static variable msg1 cannot be referenced from a static context」というエラーが出ます。static修飾子がない変数はインスタンス固有の値（インスタンス変数）なので、アクセスの際にはインスタンスの生成が必要になります。

●フィールドの初期値について●

ローカル変数の場合には宣言しただけで値を代入していない変数はコンパイル時にエラーとなります。それに対してフィールドの場合には、**宣言時に自動的に次の表に示す値に初期化されます。**

フィールド変数の初期値の例

変数の型	初期値
数値型	0
boolean型	false
オブジェクト型	null

オブジェクト型の初期値の「null」は値が設定されていないことを示す特別な値です。たとえばString型(文字列)の初期値はnullとなります。

変数の型に応じたフィールドの初期値を確認する例を見てみましょう。

Field2.java

```
public class Field2 {
    static String str1;
    static int intNum1;
    static double doubleNum1;
    static boolean bool1;
    public static void main(String[] args) {
        System.out.println("String: " + str1);
        System.out.println("int: " + intNum1);
        System.out.println("double: " + doubleNum1);
        System.out.println("boolean: " + bool1);
    }
}
```

実行結果

```
String: null
int: 0
double: 0.0
boolean: false
```

これらの初期値が設定されていることが確認できました。フィールドではなく変数の場合は初期化がされないため、エラーになります。

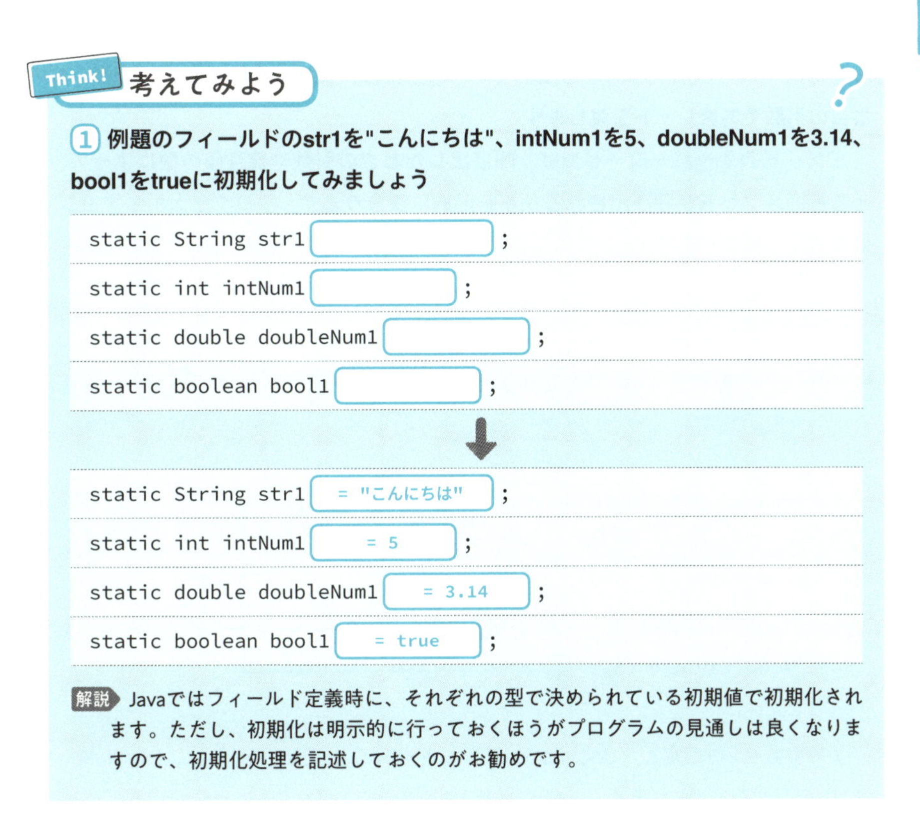

Think! 考えてみよう

① 例題のフィールドのstr1を"こんにちは"、intNum1を5、doubleNum1を3.14、bool1をtrueに初期化してみましょう

```
static String str1 [          ];
static int intNum1 [          ];
static double doubleNum1 [          ];
static boolean bool1 [          ];
```

↓

```
static String str1 = "こんにちは";
static int intNum1 = 5;
static double doubleNum1 = 3.14;
static boolean bool1 = true;
```

解説 Javaではフィールド定義時に、それぞれの型で決められている初期値で初期化されます。ただし、初期化は明示的に行っておくほうがプログラムの見通しは良くなりますので、初期化処理を記述しておくのがお勧めです。

メソッドのオーバーロード

P119の「メソッドのオーバーロードについて」では、同じ名前のメソッドを異なる引数や戻り値で定義するメソッドのオーバーロードについて説明しました。**オーバーロードは、自分で定義したメソッドで行うこともできます。**

前セクションのDollarToYen1.java（P276）では、ドルの金額と為替レートの2つの引数から円の金額を求めるdollarToYenメソッドを定義しました。このメソッドをオーバーロードして、引数がドルの金額だけの場合にも対応できるdollarToYenメソッドを定義してみましょう。

引数が1つの場合にはドルの金額を入力とし、為替レートにはフィールドで定義した定数RATEを使用します。**引数が2つの場合には、最初の引数でドルの金額、2番目の引数で為替レートを渡します。**

メソッドのオーバーロードでは、**呼び出したときの引数や戻り値の型によって、どちらのメソッドが呼び出されるかが自動的に決まります。**プログラムのイメージは次のようになります。

メソッドのオーバーロードのイメージ

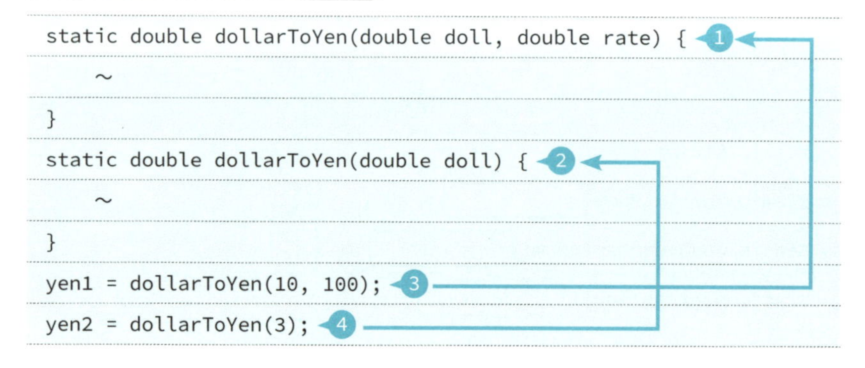

③で引数を2つ指定してdollarToYenメソッドを呼び出すと①のほうのdollarToYenメソッドが呼び出されます。④で引数を1つ指定してdollarToYenメソッドを呼び出すと②のほうのdollarToYenメソッドが呼び出されます。

●オーバーロードしたメソッドを見てみよう●

では、オーバーロードしたdollarToYenメソッドを見てみましょう。

DollarToYen2.java(一部)

```
public class DollarToYen2 {
    static final double RATE = 100; ←1

    static double dollarToYen(double dollar, double rate) { ←2
        return dollar * rate;
    }

    static double dollarToYen(double dollar) { ←3
        return dollarToYen(dollar, RATE); ←4
    }

    public static void main(String[] args) {
        ～後述～
    }
}
```

Chapter 8

①でフィールドとして為替レートRATEを宣言し「100」に初期化しています。finalを指定して定数としています。

②で引数が2つのdollarToYenメソッド、③で引数が1つのdollarToYenメソッドを定義しています。ここで、③の引数が1つのdollarToYenメソッドの内部では、④で為替レートをフィールドRATEに設定し、②の引数が2つのdollarToYenメソッドを呼び出して円の金額を求めている点に注目しましょう。

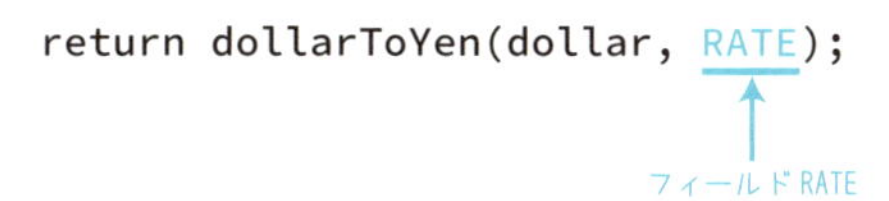

このようにメソッドの内部で、オーバーロードした別のメソッドを呼び出すことができるわけです。**メソッドをオーバーロードした場合、引数のもっとも多いメソッドで全体の処理を行い、ほかのメソッドではそれを呼び出すことで引数の違いを吸収する**というのが基本です。

mainメソッドを見てみましょう。

DollarToYen2.java(mainメソッド部分)

```
public static void main(String[] args) {
    double dollar, yen, rate;
    dollar = 2.0;
    rate = 105;
    yen = dollarToYen(dollar, rate); ⑤
    System.out.println(dollar + "ドル -> " + yen +
    "円(為替レート:" + rate + ")"); ⑥

    yen = dollarToYen(dollar); ⑦
    System.out.println(dollar + "ドル -> " + yen +
    "円(為替レート:" + RATE + ")"); ⑧
}
```

mainメソッドでは、オーバーロードした2つのdollarToYenメソッドを呼び出して円の金額を求めています。⑤で引数が2つのdollarToYenメソッドを、⑦で引数が1つのdollarToYenメソッドを呼び出しています。⑥⑧で結果を表示しています。

実行結果

```
2.0ドル -> 210.0円(為替レート:105.0)
2.0ドル -> 200.0円(為替レート:100.0)
```

Think! 考えてみよう

1 int型の変数の合計を返すメソッドとdouble型の変数の合計を返すメソッドを作成してみましょう

```
static int addNum(          ,          ) {
    return num1 + num2;
}

static double addNum(          ,          ) {
    return num1 + num2;
}

public static void main(String[] args) {
    int intNum1 = 3;
    int intNum2 = 8;
    double doubleNum1 = 2.34;
    double doubleNum2 = 5.67;

    System.out.println(addNum(intNum1, intNum2));
    System.out.println(addNum(doubleNum1, doubleNum2));
}
```

Chapter 8

```
static int addNum( int num1 , int num2 ) {
    return num1 + num2;
}

static double addNum( double num1 , double num2 ) {
    return num1 + num2;
}

public static void main(String[] args) {
    int intNum1 = 3;
    int intNum2 = 8;
    double doubleNum1 = 2.34;
    double doubleNum2 = 5.67;

    System.out.println(addNum(intNum1, intNum2));
    System.out.println(addNum(doubleNum1, doubleNum2));
}
```

解説 引数の数でなく、引数の型でメソッドをオーバーロードしているケースです。実行すると、「11」、「8.01」と表示されます。
なお、「static int addNum(int num1, int num2) {」と「static double addNum(int num1, int num2) {」のようにメソッドの戻り値の型だけが異なる場合はオーバーロードすることはできません。
また、「static double addNum(double num1, double num2) {」と「double addNum(double num1, double num2) {」のように、static修飾子の有無の違い、つまりインスタンスメソッドとスタティックメソッドの違いだけの場合もオーバーロードできません。

Chapter 9

プログラムをつくってみよう

ここでは、Chapter8までに学んできたことを踏まえて、Javaでじゃんけんゲームを作成してみましょう。実際のプログラムのつくり方がわかるように、ステップ・バイ・ステップで解説していきます。

プログラムを書き始める

プログラムを書き始めるときは、まずプログラムの目的を決め、どのような処理の流れにするか考える必要があります。それが決まったら、プログラムを組み立てていきましょう。

```
じゃんけん：0: グー , 1: チョキ , 2: パー ?
1
あなた：チョキ、コンピューター：チョキ
あいこ
```

ターミナル上で動作する
じゃんけんゲームを作成

プログラムの目的を決める

まず決めておかなくてはならないのが、**プログラムの目的**です。本書では、**ターミナル上で動くじゃんけんゲームをつくっていく**ことにしましょう。コンピューターとの1回勝負です。

プログラムを実行したら、ユーザーがじゃんけんの手を入力できるようにします。ここでは、**グーを0、チョキを1、パーを2と、数字でユーザーに入力してもらう**ことにします。

じゃんけんの手を数字にわりあてる

入力する数字	じゃんけんの手
0	グー
1	チョキ
2	パー

起動時の表示

```
じゃんけん：0: グー , 1: チョキ , 2: パー ?
```

コンピューターが「グー」を出すか、「チョキ」を出すか、「パー」を出すかは、**ユーザーが数値を入力する前にランダムに決めておきます。**

ユーザーが入力したじゃんけんの手と、プログラムで決めたじゃんけんの手を比較して、ユーザーが勝利していれば「勝ち！」、あいこだったら「あいこ」、ユーザーが負けたら「負け」と表示します。

ユーザーが「0」を入力した場合の例

あなた：グー、コンピューター：チョキ
勝ち！

流れ図にすると次のようなフローになります。

じゃんけんプログラムのフロー

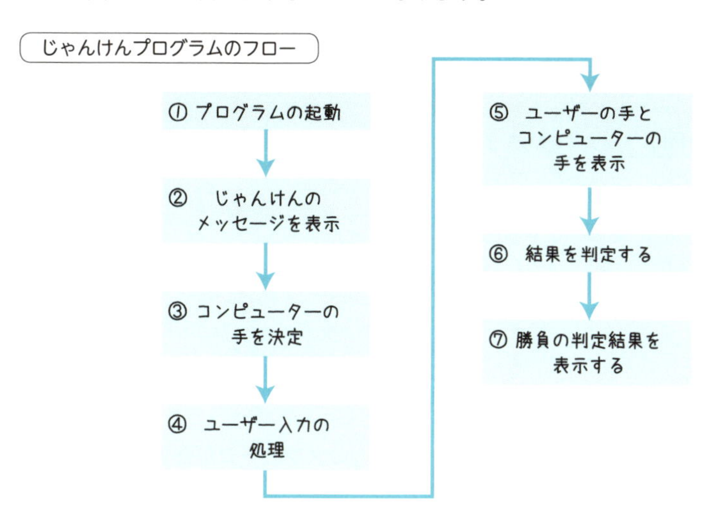

それでは、①〜⑦のステップごとに、プログラムを組み立てていきましょう。

Chapter 9

ステップ①：プログラムの起動

まずは、プログラムの起動です。ここまでで解説したように、**クラスの宣言を行って、mainメソッドを記述します。**

main メソッド

```
public class Janken {
    public static void main(String[] args) {
        // ここにプログラムの処理を記述していく
    }
}
```

ここはとくに特別なことはありません。Javaのプログラムは、基本的にこの形で書いていきます。

ステップ②：じゃんけんのメッセージを表示

つぎにじゃんけんのメッセージを表示します。表示する内容は次のものです。

```
じゃんけん：0: グー , 1: チョキ , 2: パー ?
```

画面に文字を表示する際に使うのは System.out.println文でしたね。ここでもこのメソッドを使いましょう。

System.out.println メソッドを記述

```
public class Janken {
    public static void main(String[] args) {
        System.out.println("じゃんけん：0: グー , 1: チョキ , 2: パー ?");
    }
}
```

これで、**プログラムを起動したら、じゃんけんのメッセージが表示されるところまで**できました。

ステップ③：コンピューターの手の決定

いよいよ、本格的にプログラムの作成に入っていきます。まずは、コンピューター側のじゃんけんの手を決めましょう。

じゃんけんには3種類の手（グー、チョキ、パー）があります。人間にとって、それぞれの名前は直感的ですが、コンピューターにとっては数字のほうが好都合です。そこで、0 ＝グー、1 ＝チョキ、2 ＝パーのように、それぞれの手に数字をわりあてることにします。

実行するたびに違う手を選択するため乱数を利用します。Javaで乱数を生成する方法はいくつかありますが、今回は P150で説明したRandomクラスを使用します。

コンピューターの手の決定を記述

```
import java.util.Random; ①
public class Janken {
    public static void main(String[] args) {
        System.out.println("じゃんけん：0:グー , 1:チョキ , 2:パー ?");
        Random r = new Random(); ②
        int pc = r.nextInt(3); ③
        System.out.println("コンピューター:"+pc);
    }
}
```

まず、Randomクラスを使用するために、①で**java.utilパッケージのRandomクラスをインポート**します(P150)。

次に、②で**Randomクラスのインスタンスを生成し、変数rに格納**します。これで乱数を生成する準備ができました。

最後に③でnextIntメソッドを使用して乱数を取得します。**引数に3を指定することで、0〜2の整数の乱数を生成**できます。この乱数を変数pcに格納します。

ここまでできたら、実際に動作を確認してみましょう。コンパイルしてプログラムを起動すると、次のように表示されます。

実行結果

```
コンピューター:2
```

ここでは「2」が表示されています。起動するたびに数字が変わるので、確かめてみましょう。

ステップ④：ユーザー入力の処理

次に、ユーザーにじゃんけんの手を入力してもらいます。このためには、ユーザーのキーボードからの入力を受け付ける必要があります。**このときに利用するのは、java.util.Scannerです** (P159)。ユーザーが入力した数字を変数youに整数として格納します。次のようにプログラムを追加します。

ユーザーの入力処理を記述

```
import java.util.Random;
import java.util.Scanner; ①
public class Janken {
    public static void main(String[] args) {
        System.out.println("じゃんけん：0:グー , 1:チョキ , 2:パー ?");
        Random r = new Random();
        int pc = r.nextInt(3);
        Scanner scan = new Scanner(System.in); ②
        String s = scan.next(); ③
        int you = Integer.parseInt(s); ④
        scan.close(); ⑤
        System.out.println("あなた:"+you+"、コンピューター:"+pc);
    }
}
```

まず、①でユーザーからの入力を取得するためScannerクラスをインポートし、②でScannerクラスのインスタンスを作成して、変数scanに格納します。引数にSystem.inを指定することで、ユーザーのキーボード入力を受け付ける準備ができます(P159)。

③でnextメソッドを利用し、入力データを変数sに読み込みます(P160)。この段階では変数sを「String s」と、文字列として宣言している点に注意しましょう。

④で読み込んだ文字列をIntegerクラスのparseIntメソッドを使って数値に変換し、変数youに格納します。

最後に⑤でcloseメソッドを実行して、Scannerインスタンスを閉じます。

では、実際に動作を確認してみます。コンパイルしてプログラムを起動すると、次のように動作します。ここでは「1」を入力しています。

実行結果

```
じゃんけん：0:グー, 1:チョキ, 2:パー ?
1【Enter】
あなた:1、コンピューター:0
```

ステップ⑤：ユーザーの手とコンピューターの手を表示

勝ち負けの判定をする前に、ユーザーとコンピューターのじゃんけんの手を表示します。ただし、次のように表示してもユーザーには勝ち負けがよくわかりません。

```
あなた:1、コンピューター:0
```

この場合は、次のように表示したほうがわかりやすいでしょう。

```
あなた:チョキ、コンピューター:グー
```

つまり、**数値をグー、チョキ、パーに変換して表示する**必要があります。このようなときは配列と添字を使うといいでしょう。次のような配列jankenを定義します。

```
String[] janken = {"グー", "チョキ", "パー"};
```

この配列にじゃんけんの手の数値を添字に使うことで、じゃんけんの数値を文字列に置き換えます。コンピューターの手の数値は変数pc、ユーザーの手の数値は変数youに格納されていましたから、次のようなprintln文で表示できます。

```
System.out.println("あなた:" + janken[you] + "、コンピューター:"
 + janken[pc]);
```

この2つの文を組み込んだここまでのプログラムは次のようになります。

ユーザーの手とコンピューターの手を記述

```
import java.util.Random;
import java.util.Scanner;
public class Janken {
    public static void main(String[] args) {
        System.out.println("じゃんけん:0:グー, 1:チョキ, 2:パー ?");
        Random r = new Random();
        int pc = r.nextInt(3);
        Scanner scan = new Scanner(System.in);
        String s = scan.next();
        scan.close();
        int you = Integer.parseInt(s);
```

Chapter 9

```
            String[] janken = {"グー", "チョキ", "パー"};
            System.out.println("あなた:" + janken[you] + "、コンピューター:"
             + janken[pc]);
        }
    }
```

ここまでのプログラムをコンパイルして実行してみると、次のようになります。ここでは「2」を入力してみました。

実行結果

```
じゃんけん：0:グー, 1:チョキ, 2:パー ?
2【Enter】
あなた:パー、コンピューター:グー
```

自分の手とコンピューターの手がグー、チョキ、パーで表示されます。このじゃんけんはユーザーの勝ちですが、それをまだ表示することはできません。次に勝ち負けの判定を見ていきましょう。

ステップ⑥：結果を判定する

ユーザーの入力した手をコンピューターの手を比較して、じゃんけんの勝負を判定します。そのためにはどのような処理が必要か、考えてみましょう。

じゃんけんのルールは、グーを出した時に相手がチョキなら勝ち、パーなら負け、グーならあいことといったものです。図にすると右のようになります。

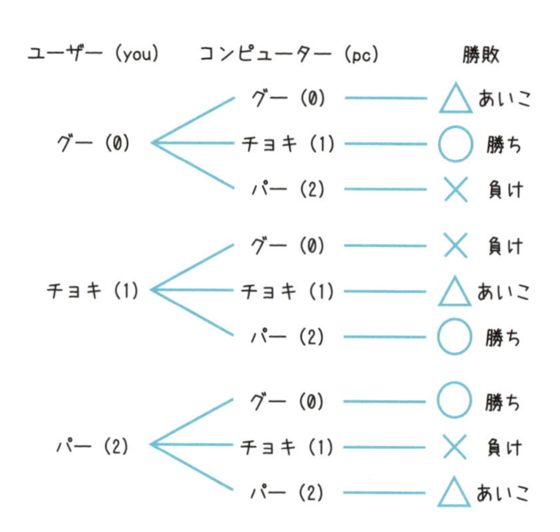

この場合、自分と相手の数値が同じであれば「あいこ」と判定できますが、自分より数値が大きければ勝ち、といったような一律の基準での判定は難しそうで

す。**ここではまず、この図をそのままif文の条件として表現してプログラムしてみましょう。**

●ユーザーの手での条件分岐●

まず、**ユーザーの手での条件分岐をif文でつくります。**ユーザーの手の数値は変数youに格納されていますから、次のようになります。

ユーザーの手の条件分岐

```
if(you == 0){
    //ユーザーが0（グー）の場合の処理
}else if (you == 1) {
    //ユーザーが1（チョキ）の場合の処理
}else{
    //ユーザーが2（パー）の場合の処理
}
```

これで、ユーザーの手がグーの場合、チョキの場合、パーの場合で処理を変えることができます。

●コンピューターの手の条件分岐を追加する●

次に、コンピューターの手の条件分岐を追加します。先ほどの図のように、**ユーザーの手の判定の中にコンピューターの手の条件分岐を入れていきます。**

ユーザーの手とコンピューターの手を組み合わせた条件分岐

```
if(you == 0){  //ユーザーが0（グー）
    if(pc == 0){
        //pcが0（グー）＝あいこの処理
    }else if (pc == 1) {
        //pcが1（チョキ）＝勝ちの処理
    }else{
        //pcが2（パー）＝負けの処理
    }
```

```
}else if (you == 1) {  //ユーザーが1（チョキ）
    if(pc == 0){
        //pcが0（グー）＝負けの処理
    }else if (pc == 1) {
        //pcが1（チョキ）＝あいこの処理
    }else{
        //pcが2（パー）＝勝ちの処理
    }
}else{    //ユーザーが2（パー）
    if(pc == 0){
        //pcが0（グー）＝勝ちの処理
    }else if (pc == 1) {
        //pcが1（チョキ）＝負けの処理
    }else{
        //pcが2（パー）＝あいこの処理
    }
}
```

多少原始的ではありますが、じゃんけんの勝ち負けの判定ができました。if文を9つも書くのはすこし不効率に見えますよね。より効率的な勝ち負けの判定方法については後述しますので、ひとまずこのプログラムで進めていきます。

ステップ⑦：勝負の判定結果を表示する

最後に勝負の判定結果を表示します。これは簡単です。先ほどのif文の処理の中に、勝ちの場合は「勝ち！」、負けの場合は「負け」、あいこの場合は「あいこ」とSystem.out.println文で表示する処理を追加するだけです。

全体のプログラムは次のようになります。

完成したプログラム（Janken.java）

```
import java.util.Random;
import java.util.Scanner;
public class Janken {
    public static void main(String[] args) {
        System.out.println("じゃんけん：0:グー，1:チョキ，2:パー ?");
        Random r = new Random();
        int pc = r.nextInt(3);
        Scanner scan = new Scanner(System.in);
        String s = scan.next();
        scan.close();
        int you = Integer.parseInt(s);
        String[] janken = {"グー", "チョキ", "パー"};
        System.out.println("あなた:" + janken[you] + "、コンピューター:"
         + janken[pc]);
        if (you == 0) {
            if (pc == 0) {
                System.out.println("あいこ");
            } else if (pc == 1) {
                System.out.println("勝ち！");
            } else {
                System.out.println("負け");
            }
        } else if (you == 1) {
            if (pc == 0) {
                System.out.println("負け");
            } else if (pc == 1) {
                System.out.println("あいこ");
            } else {
                System.out.println("勝ち！");
            }
```

```
        } else {
            if (pc == 0) {
                System.out.println("勝ち！");
            } else if (pc == 1) {
                System.out.println("負け");
            } else {
                System.out.println("あいこ");
            }
        }
    }
}
```

これでじゃんけんプログラムが完成です。実行すると、次のように表示されます。ここではチョキの「1」を入力しています。

実行結果

```
じゃんけん：0:グー, 1:チョキ, 2:パー ?
1【Enter】
あなた:チョキ、コンピューター:チョキ
あいこ
```

今回はコンピューターの手と同じだったので、「あいこ」と表示されています。

しかし、**このプログラムはif文が9つもあり、すこし冗長です。**もう少しすっきりさせる方法を次セクションで紹介します。

02 プログラムを改善する

プログラムに機能を追加したり、もっと効率のよい書き方を考えたりと、さまざまな改善を加えていくことで、プログラミング力は格段にアップします。

10回対戦して
対戦成績を表示

```
10回戦
じゃんけん：0:グー , 1:チョキ , 2:パー
あなた： グー、コンピューター： チョキ
勝ち！
対戦成績：4 勝、5 敗、1 分け
```

繰り返し対戦してeを入力したら終了
不正入力にも対応

```
じゃんけん：0:グー , 1:チョキ , 2:パー , e:終了 ?
3
入力値が不正です
じゃんけん：0:グー , 1:チョキ , 2:パー , e:終了 ?
e
```


効率の良い書き方を考えてみる

前セクションでいったんプログラムは完成しました。しかし、**9通りをif文で網羅する方法は冗長です**。もう少しすっきりできないか考えてみましょう。

まず、じゃんけんの手の組み合わせを整理してみます。じゃんけんの手のすべての組み合わせで、それぞれの手を比較するために引き算を行ったものが次の図です。

じゃんけんの組み合わせ

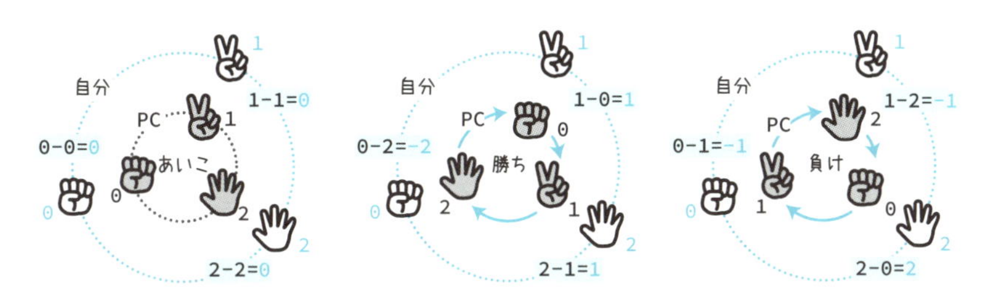

外側が自分、内側がコンピューターの手です

コンピューターの手は変数pcで、自分の手は変数youで管理しています。

```
you - pc
```

この計算結果は-2, -1, 0, 1, 2 のどれかになりますが、先ほどの図から**右図のような規則性があることがわかります。**

you-pc の規則性

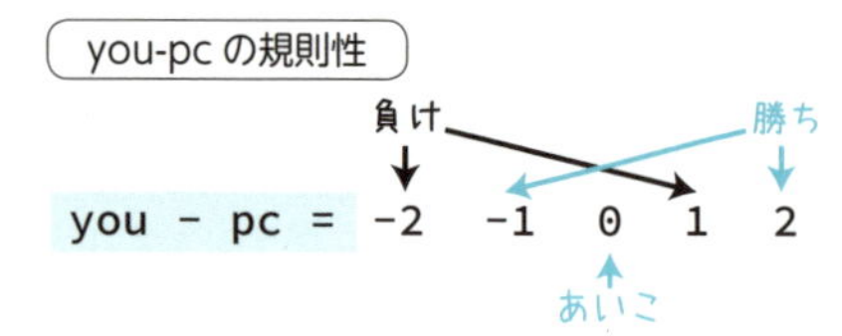

この結果を利用してプログラムを書き直してみましょう。ここでは、変数winloseに「you - pc」の結果を格納し、winloseが0の場合は「あいこ」、-2または1の場合は「負け」、それ以外なら「勝ち」という形でif～else文を書いています。

winlose で勝敗判定をしたプログラム（Janken2.java）

```
import java.util.Random;
import java.util.Scanner;
public class Janken2 {
    public static void main(String[] args) {
        System.out.println("じゃんけん：0:グー , 1:チョキ , 2:パー ?");
        Random r = new Random();
        int pc = r.nextInt(3);
        Scanner scan = new Scanner(System.in);
        String s = scan.next();
        scan.close();
        int you = Integer.parseInt(s);
        String[] janken = {"グー", "チョキ", "パー"};
        System.out.println("あなた:" + janken[you] + "、コンピューター:"
         + janken[pc]);

        int winlose = you - pc;
        if (winlose == 0){
            System.out.println("あいこ");
        }else if (winlose == 1 || winlose == -2){
            System.out.println("負け");
```

```
        }else{
            System.out.println("勝ち！");
        }
    }
}
```

P303のプログラムに比べて、**だいぶシンプルになりました。**さらにシンプルにできないか、もうすこし考えてみましょう。

剰余演算子を使う

you - pcの結果を並べた際、「負け→勝ち→あいこ→負け→勝ち」と順序に規則性があります。**このように順序に規則性があるときは剰余演算子の%を使うと、プログラムをシンプルに記述できます。**

まず、剰余演算子を使った演算はマイナスの値が扱いづらいため、「you - pc + 3」と3を足してすべてを正の値にします。

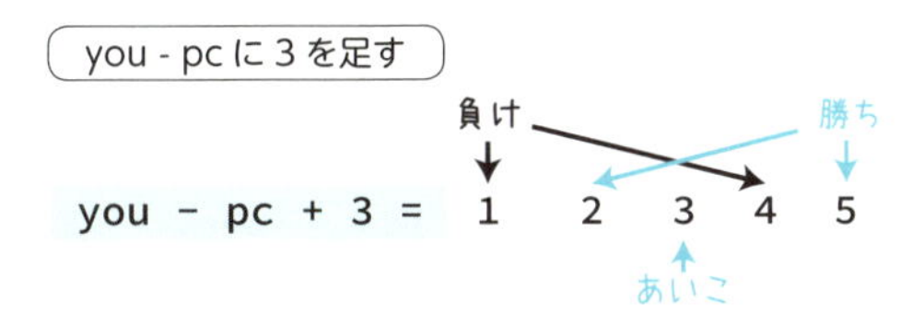

そしてこれらの数字を、「負け→勝ち→あいこ」の繰り返しの周期である3で割ったあまりを見てみましょう。

(you - pc + 3) % 3 の結果

負け　勝ち

(you - pc + 3) % 3 = 1 2 0 1 2

あいこ

負けの場合は1、勝ちの場合は2、あいこの場合は0と、それぞれのケースをひとつの数字にまとめられました。ということは、次のような条件で勝敗が判定できることになります。

剰余演算子を利用した勝敗判定

```
int winlose = (you - pc + 3) % 3;
if ( winlose == 0 ) {あいこの処理}
if ( winlose == 1 ) {負けの処理}
if ( winlose == 2 ) {勝ちの処理}
```

この処理で問題がないかを確認するため、すべての組み合わせの結果を書き出してみましょう。

すべてのじゃんけんの手の組み合わせ

自分(you)	コンピューター(pc)	式	計算結果	勝敗
グー:0	グー:0	(0 - 0 + 3) % 3	0	あいこ
	チョキ:1	(0 - 1 + 3) % 3	2	勝ち
	パー:2	(0 - 2 + 3) % 3	1	負け
チョキ:1	グー:0	(1 - 0 + 3) % 3	1	負け
	チョキ:1	(1 - 1 + 3) % 3	0	あいこ
	パー:2	(1 - 2 + 3) % 3	2	勝ち
パー:2	グー:0	(2 - 0 + 3) % 3	2	勝ち
	チョキ:1	(2 - 1 + 3) % 3	1	負け
	パー:2	(2 - 2 + 3) % 3	0	あいこ

すべての箇所で勝ちが2、負けが1、あいこが0になっているので、これで問題ありませんね。この式を使って先ほどのプログラムを書き直してみましょう。

剰余演算子で勝敗判定をしたプログラム(Janken3.java)

```
import java.util.Random;
import java.util.Scanner;
public class Janken3 {
        …前掲のプログラムと同じ・中略…
        System.out.println("あなた:" + janken[you] + "、コンピューター:"
         + janken[pc]);

        int winlose = (you + 3 - pc) % 3;
        if (winlose == 0){
            System.out.println("あいこ");
        }else if (winlose == 1){
            System.out.println("負け");
        }else{
            System.out.println("勝ち!");
        }
```

```
        }
    }
```

if文を使って9通りの場合分けを処理したプログラムと比較すると、**各段にシンプルになった**ことが実感できると思います。このように書き方を工夫することもプログラミングの醍醐味のひとつです。いろいろと工夫してみましょう。きっと何らかの発見があるはずです。

Chapter 9

10回勝負を行って最後に対戦結果を表示する

さらにプログラムの処理に手を加えてみましょう。これまでは1回勝負でしたが、**今度は10回勝負**にします。

```
8回戦 ◀ 対戦ごとに何回戦目か表示する
じゃんけん：0:グー， 1:チョキ， 2:パー ？
```

10回勝負のループにはfor文を使用します。また、10回勝負が終わったら、最後に以下のように対戦結果を表示しましょう。

```
対戦成績：4 勝、5 敗、1 分け
```

プログラムは次のようになります。［　　　］の部分を埋めてみましょう。

10 回勝負のプログラム（Janken4.java）

```
import java.util.Random;
import java.util.Scanner;
public class Janken4 {
    public static void main(String[] args) {
        int win = 0, lose = 0, even = 0; ◀ 勝ち・負け・あいこの数を格納
        Scanner scan = new Scanner(System.in);
        for(                    ){
```

```
            System.out.println("\n" + i + "回戦");   ←「(改行)○回戦」と表示
            System.out.println("じゃんけん：0:グー , 1:チョキ ,
            2:パー ?");
            Random r = new Random();
            int pc = r.nextInt(3);
            String s = scan.next();
            int you = Integer.parseInt(s);
            String[] janken = {"グー", "チョキ", "パー"};
            System.out.println("あなた:" + janken[you] +
            "、コンピューター:" + janken[pc]);

            int winlose = (you + 3 - pc) % 3;
            if (winlose == 0){
                System.out.println("あいこ");
                [        ]++;
            }else if (winlose == 1){
                System.out.println("負け");
                [        ]++;
            }else{
                System.out.println("勝ち!");
                [        ]++;
            }
        }
        scan.close();
        System.out.println("対戦成績："+[        ]+"勝、"
        +[        ]+"負、"+[        ]+"分け");
    }
}
```

↓

```
import java.util.Random;
import java.util.Scanner;
public class Janken4 {
    public static void main(String[] args) {
        int win = 0, lose = 0, even = 0;
        Scanner scan = new Scanner(System.in);
        for( int i = 1; i <= 10; i++ ){
            System.out.println("\n" + i + "回戦");
            System.out.println("じゃんけん：0:グー，1:チョキ，
            2:パー ?");
            Random r = new Random();
            int pc = r.nextInt(3);
            String s = scan.next();
            int you = Integer.parseInt(s);
            String[] janken = {"グー", "チョキ", "パー"};
            System.out.println("あなた:" + janken[you] +
            "、コンピューター:"+janken[pc]);

            int winlose = (you + 3 - pc) % 3;
            if (winlose == 0){
                System.out.println("あいこ");
                even ++;
            }else if (winlose == 1){
                System.out.println("負け");
                lose ++;
            }else{
                System.out.println("勝ち！");
                win ++;
```

```
            }
        }
        scan.close();
        System.out.println("対戦成績："+ win +"勝、"
        + lose +"負、"+ even +"分け");
    }
}
```

for文は「事前に何回繰り返すか決まっている場合」に適しています。勝敗の結果は3つの変数(win:勝ち、lose:負け、even:あいこ)を使って管理しています。

勝敗を判定するときに、それらの変数をインクリメントし、最後に対戦結果を表示しています。

ずっとじゃんけんを繰り返し、不正入力にも対応する

今度はwhile文を使って、**何度も繰り返しじゃんけんができる**ようにしましょう。また、**不正な入力があってもじゃんけんを継続できる**ようにします。

最初の表示を以下のように修正します。

```
じゃんけん：0:グー, 1:チョキ, 2:パー, e:終了 ?
```

ユーザーが"e"と入力して終了するまで対戦を繰り返すようにしましょう。似た形のプログラムを見たことがありますね。P236で紹介した「DollarToYen.java」です。ここで学んだwhileの無限ループとtry～catch文を組み込めばよいでしょう。

[　　　　]の部分を埋めてみてください。

じゃんけん継続と不正入力に対応したプログラム（Janken5.java）

```
import java.util.Random;
import java.util.Scanner;
public class Janken5 {
```

```
public static void main(String[] args) {
    Scanner scan = new Scanner(System.in);
    while(          ){        ← 無限ループにする
        System.out.println("じゃんけん：0:グー，1:チョキ，2:パー，
        e:終了 ?");
        Random r = new Random();
        int pc = r.nextInt(3);
        String s = scan.next();
        if (              ) {        ← "e"が入力されたら終了
            break;
        }
        int you = -1;        ← youを-1に初期化
        try{
            you = Integer.parseInt(s);        ← 入力値を整数に変換
        }catch(              ){}        ← 例外クラスをキャッチ
        if (you <          || you >          ) {
                    ↑ 0〜2の範囲以外の数値でないかをチェック
            System.out.println("入力値が不正です");
                    ;        ← ループの最初に戻る
        }

        String[] janken = {"グー", "チョキ", "パー"};
        System.out.println("あなた:" + janken[you] +
        "、コンピューター:"+janken[pc]);

        int winlose = (you + 3 - pc) % 3;
        if (winlose == 0){
            System.out.println("あいこ");
```

```
            }else if (winlose == 1){
                System.out.println("負け");
            }else{
                System.out.println("勝ち!");
            }
        }
        scan.close();
    }
}
```

⬇

```
import java.util.Random;
import java.util.Scanner;
public class Janken5 {
    public static void main(String[] args) {
        Scanner scan = new Scanner(System.in);
        while( true ){
            System.out.println("じゃんけん:0:グー, 1:チョキ, 2:パー,
            e:終了 ?");
            Random r = new Random();
            int pc = r.nextInt(3);
            String s = scan.next();
            if ( s.equals("e") ) {
                break;
            }
            int you = -1;
            try{
                you = Integer.parseInt(s);
```

```
            }catch( Exception e ){}
            if (you <  0  || you >  2 ) {
                System.out.println(" 入力値が不正です ");
                continue ;
            }

            String[] janken = {" グー ", " チョキ ", " パー "};
            System.out.println(" あなた :" + janken[you] +
            "、コンピューター :"+janken[pc]);

            int winlose = (you + 3 - pc) % 3;
            if (winlose == 0){
                System.out.println(" あいこ ");
            }else if (winlose == 1){
                System.out.println(" 負け ");
            }else{
                System.out.println(" 勝ち！ ");
            }
        }
        scan.close();
    }
}
```

while文は「事前に何回繰り返すか決まっていない場合」の繰り返しに適しています。入力をうけとったら、まずその値が"e"と等しいか比較します。

P184で説明したように、**文字列の比較には「==」ではなくStringクラスのequalsメソッドを使います**。まちがえやすいので注意してください。

次に、入力をIntegerクラスのparseIntメソッドを使い整数値に変換します。

●不正な入力のエラーの処理●

ユーザーが正しい数値やeを入力してくれるとは限りません。 もしかすると範囲外の数字やe以外の文字を入力するかもしれません。そのような場合に対応できるように、parseIntをtry〜catch文で囲みます。

変数youは-1で初期化し、**正しく数字が入力された場合にはその値がyouに代入されます。** 数字でない値が入力された場合は例外がスローされますが、{}となっているように何も処理を行わず、youは-1のままとなります。

次にif文を使ってyouの値が0〜2の範囲に含まれているかどうかを調べ、含まれていなければ「入力値が不正です」とメッセージを表示します。「3」以上の数値の場合はもちろん、**e以外の文字が入力された場合もyouが-1のままなので**、この処理で同じメッセージを表示できます。

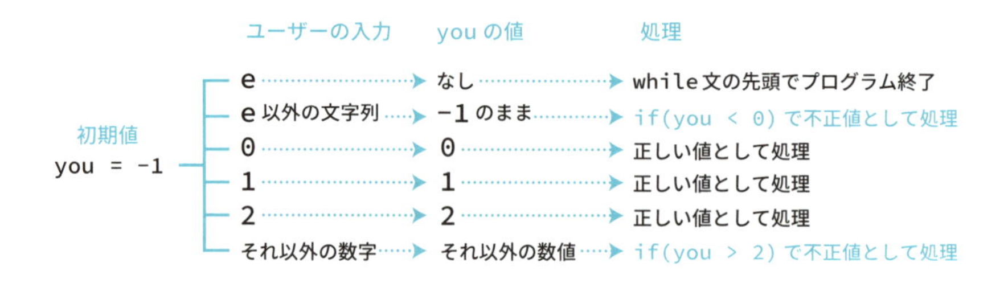

メッセージを表示したらcontinue文を使い、while文の先頭に戻っています。

*

これで、じゃんけんプログラムの作成は終了です。このほかにも、最後のプログラムに勝敗結果を表示したり、勝率を計算したり、あいこの場合のみじゃんけんを繰り返すなど、さまざまなバリエーションが考えられます。なにか思いついたら自分で処理を考えてプログラムに組み込んでいくと、プログラミング力がみるみる向上していくはずです。

記号

アルファベット

A～E

F～J

L～P

R～W

五十音順

ア

カ

サ

タ

ナ

ハ

マ

ヤ

ラ

ワ

著者紹介

Chapter1～8執筆

大津 真(おおつ・まこと)

東京都生まれ。早稲田大学理工学部卒業後、外資系コンピューターメーカーにSEとして8年間勤務。現在はフリーランスのプテクニカルライター。また、自身のユニット「Giulietta Machine」で音楽活動も行い、これまでCDを4枚リリース。レコーディングエンジニアとしてCM、映画音楽、他アーティストCDの録音、ミックスも多数手がけている。主な著書に『基礎Python』(インプレス)、『いちばんやさしい Vue.js 入門教室』(ソーテック社)、『3ステップでしっかり学ぶJavaScript入門』(技術評論社)などがある。

[Webサイト] http://www.o2-m.com/wordpress2/

[Twitter] @makotoo2

[Facebook] https://www.facebook.com/makoto.otsu

Chapter9執筆

田中賢一郎(たなか・けんいちろう)

慶應義塾大学理工学部修了。キヤノン株式会社に入社後、TVチームの開発者としてマイクロソフトデベロップメント株式会社へ。Windows、Xbox、Office 365などの開発・マネージ・サポートに携わる。2016年に中小企業診断士登録後、「プログラミング教育を通して一人ひとりの可能性をひろげる」という理念のもと、実践的なプログラミングスクールFuture Codersを運営。キヤノン電子株式会社顧問。趣味はジャズピアノ演奏。
主な著書に『ゲームを作りながら楽しく学べるPythonプログラミング』(インプレスR&D)、『ゲームを作りながら楽しく学べるHTML5+CSS+JavaScriptプログラミング』(インプレスR&D)、『ゲームで学ぶJavaScript入門 HTML5&CSSも身につく!』(インプレス)などがある。

[Webサイト] future-coders.net

あなうめ問題執筆

馬場貴之(ばば・たかゆき)

筑波大学大学院システム情報工学研究科修了。パイオニア株式会社に入社し、オーディオ機器の開発に従事。組込ソフトウェア開発をメインにネットワークオーディオ、スマホアプリ、webアプリなど多数の機器開発に携わる。転職後、ソフトウェア開発プロセス改善の啓蒙活動に携わり、プログラミング教育に興味を持つ。2019年からFuture Coders (http://future-coders.net)にjoin。趣味はギター演奏・ロードバイク・園芸。

●制作スタッフ

[装丁]　小川 純(オガワデザイン)
[本文デザイン・DTP]　加藤万琴

[編集長]　後藤憲司
[担当編集]　後藤孝太郎

あなうめ式Javaプログラミング超入門

2019年12月11日　初版第1刷発行

著者　大津 真、田中賢一郎、馬場貴之
発行人　山口康夫
発行　株式会社エムディエヌコーポレーション
〒101-0051　東京都千代田区神田神保町一丁目105番地
https://books.MdN.co.jp/
発売　株式会社インプレス
〒101-0051　東京都千代田区神田神保町一丁目105番地
印刷・製本　中央精版印刷株式会社

Printed in Japan

定価はカバーに表示してあります。

【カスタマーセンター】
造本には万全を期しておりますが、万一、落丁・乱丁などがございましたら、送料小社負担にてお取り替えいたします。お手数ですが、カスタマーセンターまでご返送ください。

[落丁・乱丁本などのご返送先]
〒101-0051　東京都千代田区神田神保町一丁目105番地
株式会社エムディエヌコーポレーション カスタマーセンター　TEL：03-4334-2915

[書店・販売店のご注文受付]
株式会社インプレス　受注センター　TEL：048-449-8040 ／ FAX：048-449-8041

【内容に関するお問い合わせ先】
株式会社エムディエヌコーポレーション カスタマーセンター メール窓口

info@MdN.co.jp

本書の内容に関するご質問は、Eメールのみの受付となります。メールの件名は「あなうめ式Javaプログラミング超入門　質問係」、本文にはお使いのマシン環境(OS、Javaのバージョン、Visual Studio Codeのバージョン)をお書き添えください。電話やFAX、郵便でのご質問にはお答えできません。ご質問の内容によりましては、しばらくお時間をいただく場合がございます。また、本書の範囲を超えるご質問に関しましてはお答えいたしかねますので、あらかじめご了承ください。

ISBN978-4-8443-6941-7　C3055